葉子

Leaves
Publishing

根

以讀者為其根本

莖

用生活來做支撐

葉

引發思考或功用

果

獲取效益或趣味

護眼 維生素A

作者 AUTHER
林世忠●蘇婉萍●林天龍

專業營養師親自執筆，
觀念最正確！

銀杏 **GINKGO**

護眼維生素A

作　　者：張瑛芳
食譜設計：蘇婉萍
食譜示範：林天龍
出 版 者：葉子出版股份有限公司
企劃主編：萬麗慧
文字編輯：謝杏芬
美術設計：張小珊工作室
封面插畫：蔣文欣
內頁完稿：Sandy
印　　務：許鈞棋
登 記 證：局版北市業字第677號
地　　址：台北市新生南路三段88號7樓之3
電　　話：（02）2366-0309　傳真：（02）2366-0310
讀者服務信箱：service@ycrc.com.tw
網　　址：http://www.ycrc.com.tw
郵撥帳號：19735365　　　戶名：葉忠賢
製　　版：台裕彩色印刷股份有限公司
印　　刷：大勵彩色印刷股份有限公司
法律顧問：煦日南風律師事務所
初版一刷：2005年8月　　　新台幣：250元
I S B N：986-7609-75-1

國家圖書館出版品預行編目資料

護眼維生素A / 張瑛芳 著. -- 初版. --
臺北市：葉子, 2005[民94] 面；公分. --（銀杏）
ISBN 986-7609-75-1（平裝）
1. 維生素 2. 食譜 3. 營養

399.61　　　　　　　94010436

總 經 銷：揚智文化事業股份有限公司
地　　址：台北市新生南路三段88號5樓之6
電　　話：(02)2366-0309
傳　　真：(02)2366-0310

※本書如有缺頁、破損、裝訂錯誤，請寄回更換

推薦序 **foreword**

新光醫院創院至今的十多年來，一直以人本醫療做為服務的最高準則，近幾年更把觸角由院內病患延伸至各個社區，多年來從不間斷地在社區扮演一個健康促進的角色。將醫院的功能由『治病』的傳統印象擴大為『關懷』民眾身心的健康褓母。

在醫院中供應病患伙食的營養課，除了在平常為每一份伙食拿捏斤兩之外，也不時進入社區推廣營養知識，深化民眾對營養的認知。營養師們也曾著作過一些食譜書籍，如高鈣食譜、坐月子食譜、養生食譜等等，用深入淺出的方式傳遞營養知識。獲得許多的好評。藉由這些專業知識書籍的出版，也擴大了營養師的服務範圍。

此次，營養師再度編寫一系列維生素書籍，一樣秉持專業的角度，對每種維生素做更精闢的有系統的介紹。也從『飲食即養生』的觀念中提供各種維生素的食譜示範，讓健康與美味巧妙融合。

飲食與健康是密不可分的，健康的身體需建立在正確的飲食上。希望藉由本系列叢書的介紹，能讓讀者對維生素有更多一層的瞭解。推薦讀者細細研讀，或做為床頭書隨時翻閱。

新光醫院董事長　吳東進

foreword
推薦序

富 裕的台灣社會，營養不良的情形已經由「不足」漸漸轉變成「不均衡」。國人對食物的可獲量雖然逐年增加，但對攝取均衡營養的觀念上卻沒有明顯的進步。

其實，維生素的缺乏症在古代並不多見，一直到工業革命之後，食品科技越來越發達，人們吃的食物也越來越精緻，維生素的缺乏症反倒發生了。舉例來說，糙米去掉了米糠成為胚芽米，維生素B群就少了一半，胚芽米再去掉胚芽層成為白米，維生素B群就完全不見了。儲存技術的進步讓大家在夏天也有橘子可以吃，但您吃的橘子，恐怕維生素C也可能所剩無幾了。

但隨著醫療科技的進步，在一個個維生素的真相被探索出來之後，這些維生素缺乏症也漸漸消失匿跡了。 而且，近年來養生觀念漸漸形成風尚，國內外在許多菁英投入養生食品研究，發現維生素除了原有的生理機能之外，更有其他重要的養生功效：有些可以當成抗氧化劑，有些可以保護心血管，有些可以降血壓，有些甚至有美白的功效。這些維生素的額外功能，也讓維生素的攝取再度受到重視。

本院營養課出版這一套「護眼維生素A」、「元氣維生素B」、「美顏維生素C」、「陽光維生素D」、「抗老維生素E」，不僅詳盡解說各種營養素的功用，更提供各種富含維生素食物的食譜示範，希望能讓讀者能夠不需花太多心血就做出簡單又健康的食物，輕鬆攝取足夠的各項維生素，掌握健康其實並不難。 希望本書能夠讓讀者更關心自己的健康，並將養生之道融入日常的生活之中。

新光醫院院長　　洪啟仁

自序 preface

近年來，大家對健康、養生越來越重視，對於營養素、礦物質這些名詞也並不陌生，但常常是片段知識，或者口耳相傳似是而非的概念。本書嘗試將維生素A對身體各部分的幫助與其本身特性，做出淺顯易懂的總整理，並加入實用、易學的食譜，希望讀者能由書中找到需要的資訊。

由書中所述維生素A有趣的發現過程，可以感受到維生素與生命如何息息相關，進而明瞭其對生理機能運作的影響，及當維生素A缺乏時，對不同生命期、對各行各業與對每個器官可能產生的影響，提醒忙碌的您，常常觀察自己健康的微妙變化，進而適時補足營養的需求。

透過對各類型維生素A來源的介紹，我們可以發現不論是耳熟能詳的魚肝油，或是當紅的茄紅素、β－胡蘿蔔素、辣椒素、葉黃素等，其實都是維生素A的一員，所以，不論是大家最關心的抗氧化，還是最熱門的防老、防癌、美顏、明眸等都可以由書中找到答案。

總之，《護眼維生素A》包含了各方面與維生素A相關的資訊，希望能帶給讀者豐富的知識與常識，在輕鬆的閱讀之餘，能扮演您生活中的健康小天使，讓您做出更健康、更有效率的飲食選擇。

張瑞克

introduction

前言

人體所需的營養素包括量較大的醣類、蛋白質與脂肪等三種巨量營養素,及量較少的維生素與礦物質等二種微量營養素。若以機器來比喻人體,醣類、蛋白質與脂肪就好像電力、汽油或燃料等動力來源;而維生素與礦物質所扮演的角色就如同潤滑油,缺少了它們,機器仍可運轉,只是運轉起來較不順暢,也容易出狀況。

維生素在化性上可以區分為脂溶性維生素(維生素A、D、E、K)與水溶性維生素(維生素B群、C)兩大類;脂溶性維生素不溶於水,因此不易溶於尿中被排出體外,在體內具有累積性,因此某些維生素具有毒性;而水溶性維生素則在體內不易累積,因此大致上不具毒性,但相反的卻容易缺乏。

在以前,維生素的缺乏症經常發生,那時的營養專家們會把維生素的研究專注在各種維生素對人體的作用;但近幾年來,除了維生素的基本生理功能之外,研究方向漸漸朝向維生素的附屬效能,例如維生素A、C、E除了抗夜盲、抗壞血病、抗不孕之外,其抗氧化作用更令人大為驚奇。而維生素B6、B12、葉酸等除了維持新陳代謝及造血的功能之外,其降低心血管疾病發生率更令人感興趣。維生素C的美白效果也造成業界的震撼……這些種種非傳統的維生素功效近年來如雨後春筍般的被一提再提,但在每一種功效背後所存在的「需要量」的問題,卻較少有人注意,而這卻是維持功效中更重要的前提。

即使維生素的功效如此多元,但在飲食精緻化的潮流下,某些維生素攝取的不足也讓人憂心。我國衛生署在民國

九十一年時發表了「國人膳食營養素參考攝取量」（Dietary Reference Intakes, DRIs），裡面詳盡地說明了我國各年齡層國民營養素攝取的建議量。這些建議量可以說是健康人所應達到的「最低」要求。然而，若比對民國八十七年衛生署所發表的「1993-1996國民營養現況」，我們發現，衣食無虞的我們，竟然也有如維生素B1、B2、B6、葉酸及維生素E等攝取不足的情形，其中又以葉酸及維生素E兩者的缺乏甚為嚴重。

而另一項令人憂心的便是補充過多的問題，在門診的諮詢病患之中，不乏每日食用五種以上營養補充劑的病患，這些瓶瓶罐罐中，隱藏著有維生素攝取過多的風險，有些甚至於是建議攝取量的數百倍；目前除了少數維生素經證明無毒性之外，其他的都應仔細計算，否則毒性的危害並不亞於其缺乏症。

天然的食物中所含有的維生素其實相當豐富，以人類進化的觀點來說，如果人類需要某定量的維生素，那似乎意味著自然界的飲食應含有如此多的維生素量，但可惜的是加工過程中所喪失的常遠多於剩下的，像米糠中的維生素B群、冷藏過程中維生素C的流失等都是令人惋惜的例子。在工業不斷進步的現代化文明，我們期待有朝一日能有更進步的科技，達到兩全其美的目標。

新光醫院營養課襄理

Reader Guide
本書使用方法

本書內容共分為三個主要的部分

● 第一部分
  認識維生素 A

* 本章主要內容

* 本章主要內容敘述

* 本章重點健康知識

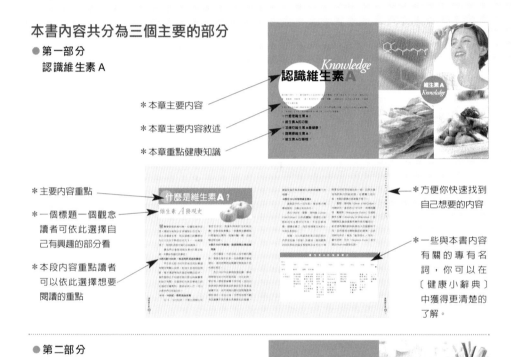

* 主要內容重點

* 一個標題一個觀念
  讀者可依此選擇自
  己有興趣的部分看

* 本段內容重點讀者
  可以依此選擇想要
  閱讀的重點

* 方便你快速找到
  自己想要的內容

* 一些與本書內容
  有關的專有名
  詞，你可以在
  〔健康小辭典〕
  中獲得更清楚的
  了解。

● 第二部分
  維生素A優質食譜介紹

* 本章主要內容

* 本章主要內容敘述

* 富含維生素A的食材

＊一百克食材的維生素A含量，這部分數字不同資料來源或有些許出入，但讀者應注意，重點不在實際的數字，而是要知道該食材富含維生素A。

＊食材特性介紹

＊〔營養師小叮嚀〕告訴你選購、烹煮、保存及食用時保留最高營養素的小技巧。

川七

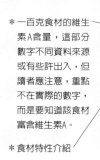

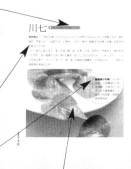

＊富含維生素A的食材

Easy cooking 川七食譜

＊方便你快速翻閱，找到自己想要的食譜示範

● 第三部分
市售維生素A補充品

＊本章主要內容

＊本章主要內容敘述

＊本章重點健康知識

Supplement
市售維生素A
補充品

維生素A
Supplement

選購市售維生素A補充品小常識

＊選購時常見的問題

＊問題的解答

常見市售維生素A補充品介紹

■表示維生素單方或複方

■表示其他營養速

■表示綜合維生素

＊補充品資料表：提供該補充品相關產品訊息

CONTENTS

第1部 認識維生素A *Knowledge*

第2部　維生素A優質食譜 *Easy cooking*

第3部　市售維生素A補充品 *Supplement*

護眼維生素

Ⓐ

IX

認識維生素A

Knowledge

提到維生素A，令人最常聯想到的就是魚肝油及胡蘿蔔，但維生素家族可不只於此，還有茄紅素、葉黃素、辣椒素……，維生素A很有用，護眼、潤膚、抗菌都有效，由老到小都需要，但麻煩的是吃太多會中毒……

本單元要告訴你維生素被發現的歷程，太多太少對我們身體的影響，及該如何有效且正確地獲取它，取其長，免其短，善用最老牌子的維生素，生命色彩更豐富。

- **什麼是維生素A？**
- **維生素A的功能**
- **怎樣吃維生素A最健康？**
- **誰需要維生素A？**
- **維生素A在哪裡？**

維生素 A
Knowledge

什麼是維生素A？

維生素 *A* 發現史

營養學是個新興科學，但攝取食物卻是人類誕生後就必定伴隨發生的行為，因此各種維生素，就在這樣已經實際存在卻又完全不熟悉的狀況下一一地被發現了，發現的過程充滿巧合與趣味。

讓我們沿著發現維生素A的歷史軌跡，來聽些有趣的故事吧！

●西元前1500年，埃及用肝泥治夜盲症

早在西元前1500年的埃及就記載過有關夜間難以視物，對強光呈現目眩刺眼、看不清楚等與夜盲症相關的症狀，雖然當時並不知道夜盲的發生與營養素的缺乏有關，但當時的古埃及學者已經知道把肝臟煮熟，磨碎給病人吃，可以治癒他們的夜盲症狀。

●15、16世紀，魚肝油治夜盲

在15、16世紀時，只要出現類似夜盲症的狀況，就會利用魚肝油來做治療，並發現效果驚人，但還無法瞭解為什麼會有此療效，就像中醫一樣，依經驗法則治病。

●西元1887年蘇俄，齋戒期的夜盲現象

西方國家，大部分的人因宗教的關係，需要在每年的某一段時間遵守齋戒習俗，這段時間信徒需遵守禁食或不吃肉類的規定。

西元1887年的蘇俄曾記載，齋戒期間發生地方性夜盲現象，也在此時，開始有人懷疑是營養不良引起。並且也發現哺乳婦因禁食或飲食狀況不佳造成營養不良，其所哺育的嬰兒容易罹患角膜脫落症。之後，世界各地就不斷有因營養不良而產生角膜軟化的報導，確認夜盲症與角膜軟化疾病與營養不良有關。

●西元1912年發現維生素A

直到距今約一百年前，維生素才慢慢被發現、分離出來並命名。

西元1904年，愛默‧麥柯倫（Elmer V.McCollum）以牛做實驗，發現吃小麥飼料的牛生長狀況不佳，不但日漸消瘦，眼睛也瞎了；而吃有綠葉玉米的小牛則生長良好。

接著，又以老鼠為對象分別於飼料內添加乳脂（奶油）及豬油，發現餵食奶油的那組老鼠生長發育及皮毛的光滑程度均好於添加豬油的一組，且添加豬油為飼料的那組老鼠，在餵養三個月後，老鼠的眼睛也漸漸看不見了。

愛默‧麥柯倫（Elmer V.McCollum）持續研究，直到西元1912年，與瑪格麗特‧戴維斯（Marguerite Davis）在威斯康辛大學（University of Wisconsin），因想瞭解乳脂與蛋黃究竟存有何種成分，能使這兩種的飼料與其他大白鼠飼料不同，因而發現治療乾眼症的要素，並依溶解性命名，稱為「脂溶性A」。同年，霍布金斯‧范克（Hopkins Funk）首次提出Vitamine這個名詞。

接著，愛默‧麥柯倫（Elmer V.McCollum）於西元1913年發表動物罹

維 生 素 A 的 發 現 簡 史

西元 1500	1887	1904	1912	1920	1931	1932	1936	1950
埃及	蘇俄	愛默‧麥柯倫						
‧肝泥治夜盲症	‧齋戒期間出現地區性夜盲，嬰兒發生角膜脫落症。	‧以不同的飼料餵食實驗動物，發現一組生長良好，另一組發育不佳，而且眼睛逐漸失明。 ‧霍布金斯‧范克首次提出Vitamine名詞。	‧發現治療乾眼症的要素，命名為「脂溶性A」。	‧Drummond命名Vitamin A ‧發現胡蘿蔔素，而且發現它會轉變成維生素A。	‧開利博士確認維生素A的化學結構。	‧發現β-胡蘿蔔素是維生素A的先質。	‧奧圖‧埃勒斯博士抽出純維生素A。 ‧人工合成維生素A。	‧人工合成β-胡蘿蔔素。

患乾眼病（xerophalmia）時可以添加牛油、卵油及肝油來改善。

● 西元1920年Vitamin A正式命名

西元1920年，Drummond將此種脂肪性食物中含有的治療乾眼症及夜盲症的要素，命名為vitamin A。

也在1920年前後，人們於胡蘿蔔及其他黃色食物中發現胡蘿蔔素，並發現胡蘿蔔素可於人體內轉換為維生素A，同時也具有抗乾眼症的效果。

瑞典開利博士（Karrer）於西元1931年確定維生素A的化學結構式，並證明它具有生理活性的是因為有β-紫羅蘭酮（β-ionone）環。

● 西元1932年法國，發現β-胡蘿蔔素是維生素A的先質

西元1932年，法國發現可由塵封四十年的乾菠菜中可提煉出胡蘿蔔素，並治癒患有維生素A缺乏症的老鼠，因此發現了β-胡蘿蔔素是維生素A的先質（pro-vitamin A）。

● 成功合成人工維生素A及β－胡蘿蔔素

西元1936年俄亥俄州的奧圖‧埃勒斯博士首先於比目魚肝臟抽出純黃色物質即維生素A，維生素A的價格成為一般消費者所負擔得起的，而能普遍被人使用。當年也以人工合成維生素A。

至西元1950年Karrer、Milas、Inhoffen等人合成出β－胡蘿蔔素，維生素A才算完全被人們解讀。

健 康 小 辭 典

目前乾眼症的治療方法

根據世界衛生組織的報告，全世界超過60個國家，有維生素A缺乏的公共衛生問題，約2500萬名學齡前兒童因此有失明或死亡的危險。

乾眼症的病患需馬上服用20萬單位維生素A，連服2天，隔一星期後再服用3天，才能改善。1歲以下的嬰兒劑量為1/2，6個月的嬰兒劑量為1/4，定期讓高危險幼兒口服大量維生素A，可降低死亡率。

Knowledge

維生素 *A* 的分類

認識維生素「A」家族

維生素A之所以命名為維生素A，其實很簡單，只因為它是第一個被發現的維生素，所以以第一個英文字母「A」來命名。

維生素A的來源大致分為兩類，一類可以說是真正的維生素A，指的是直接攝取動物性的食物而來，不需再被轉換的維生素A。另一類則來自植物類的食物，也就是指需要再經過身體轉換才能有維生素功效的維生素A，一般統稱為類胡蘿蔔素（carotenoids）。

其實仔細分辨維生素A，應有兩種不同的化學結構，分別為A1及A2。不論來自動物性食物的維生素A與β型類胡蘿蔔素均為A1型結構，而A2只存於淡水魚的肝臟內。

維生素A是一種脂溶性維生素，即能溶於脂肪而不溶於水，所以，攝取過多時，並不會像水溶性維生素一樣會隨尿液排出體外，反而會一點一點累積於體內，所以，必須注意其攝取量，以免堆積過多，反而對身體有害。

維生素A的形式

以下分別就動物及植物兩種不同來源的維生素A——說明：

●藏在動物裡的維生素A－視網醇

由動物性食物攝取而來的維生素A，化學名稱叫做視網醇。實際上，人體或動物體內的維生素A，在不同的消化代謝階段，以四種不同型式存在，包括視網醇（retinol）、視網醛（retinal）、視網酸（retionic acid）、以及視網酯（retinyl

維生素A（視網酯）的結構圖

esters），均為「既成」維生素A（pre-formed vitamin A）。於人體內最常見，也是較主要的表現形式，則是視網醇和視網醛。

當我們吃進來自動物性食物的維生素A後，食物先經由我們的胃腸道，混和膽鹽被酯化，接著由小腸絨毛吸收，之後大部分的維生素A被儲存在肝臟，少部分則儲存在脂肪組織、肺臟、腎臟及皮膚中。

● 藏在植物裡的維生素A－類胡蘿蔔素

相對於動物性食物為可以直接利用的「既成」維生素A，藏在植物中的維生素A，一般被稱為維生素A原質，或維生素A先質，經過攝取後，需要經由小腸黏膜轉化才具有維生素A的功效，我們統稱這類維生素A為「類胡蘿蔔素」（carotenoids）。嚴格來說，「類胡蘿蔔素」在自然界中已發現了600多種，但只有約50多種的類胡蘿蔔素化合物能轉變為維生素A。

一個具維生素A活性的類胡蘿蔔素，會在人類攝食後，於體內轉變生成視網醛或視網醇，並開始具有維生素A的各種生理功能。而這一類具有維生素A活性的類胡蘿蔔素，大略分為α-胡蘿蔔素（α-carotene）、β-胡蘿蔔素（β-carotene）、γ-胡蘿蔔素（γ-

β-胡蘿蔔素在小腸中生成維生素A

β-胡蘿蔔素

酵素作用

維生素A(視網醇)   OH

carotene）、各種紅、黃色素，包括：番茄紅素（lycopene）、葉黃素（lutein）、辣椒素、玉米黃素、β－隱黃素等。

時髦的衍化物－維生素A酸

維生素A的其中一種存在於身體內的形式是視網酸（retinoic acid），是市面上常見的維生素A酸產品，此型態維生素A可參與細胞分化及上皮組織的代謝。

目前，市售的維生素A酸，即維生素A的衍化物，就是將維生素A以酸的型態呈現，製作成保養皮膚的商品，其備受矚目的功效有：

● 促進細胞新生。

● 減少角質增厚。

● 增加真皮膠原蛋白的製造。

● 改善皺紋。

● 改善日光性傷害引起的黑斑曬斑。

● 治療青春痘。

● 縮小毛孔。

A酸有時取自醋酸鹽或棕櫚油，它與維生素A及類胡蘿蔔素最大的不同在於：前二者為脂溶性，而A酸為水溶性，且以塗抹的方式做為治療而非以口服方式。

使用A酸仍有些該注意的事項，如果在懷孕初期（懷孕第十九週之前）以高純度的A酸來治療青春痘，可能會引起流產和造成嬰兒天生異常。

近年來，國內三軍總醫院研究發現：維生素Ａ酸可以促進一種新的抗癌基因RIG1（由國人找出此段基因，並且自行命名）的表現，可以抑制腫瘤細胞生長，或導致癌細胞死亡，達到防治癌症的目的，這是全球首度以科學方式證實維生素Ａ能有效預防癌症的機轉。

維生素 *A* 的基本功能

不論是直接由動物食品攝取到的維生素A，或由維生素A先質轉變而來的維生素A，在體內都能發揮其生理的功效。

維生素A先質即之前提過的類胡蘿蔔素，除了轉變為維生素A後所發揮的效用外，沒有轉變成維生素A的部分，還能貢獻本身的獨立功能，對身體也很有幫助，以下一一分述。

保持正常之視覺機能

視覺是由視網膜的感光後，刺激神經細胞，發送訊息傳遞至腦中的視皮質（visual cortex），因而產生影象。

讓視網膜產生感光的原因，主要是因為桿狀細胞及椎狀細胞的作用，它們位於視網膜最上層的色素上層細胞附近，具有感受光線的功能，稱為受光

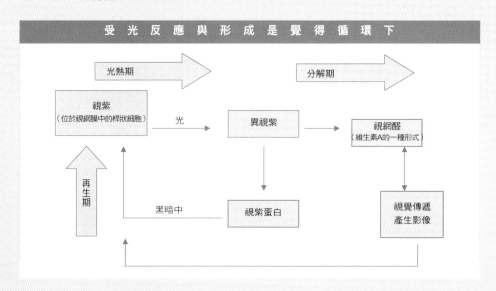

受 光 反 應 與 形 成 是 覺 得 循 環 下

光熱期

分解期

視紫
（位於視網膜中的桿狀細胞）

光

異視紫

視網醛
（維生素A的一種形式）

再生期

黑暗中

視紫蛋白

視覺傳遞
產生影像

健 康 小 辭 典

角蛋白

　　角蛋白是一種纖維蛋白，存在於動物的角、蹄、爪、羽毛、鱗等部位，角蛋白不溶於水、稀酸、稀鹼及體液，使皮膚有防止脫水的屏障作用。而且，其所造成皮膚的不通透性（impentrability）功能，亦使得它成為防禦有毒物質及致病微生物的第一道防線。

　　人體在缺乏維生素A時，會使上皮組織細胞產生過多的角蛋白，而使表皮乾燥角化，亦使皮膚呈顆粒狀突起，狀似雞皮疙瘩，此即所謂皮膚乾燥症或毛囊性皮膚角化症。

醣蛋白

　　醣蛋白即蛋白多醣（Proteoglycan），醣蛋白最重要的功能是吸收並保持水分，並和膠原蛋白一起作用，形成膠質，有助於防止軟骨組織磨損，促進修補受損細胞的能力。

　　位於真皮層基質的醣蛋白，構建出許多微孔隙的立體分子篩，能使小於孔隙的物質，如：水、電解質、營養物質和代謝產物可自由通過，進行物質交換；但大於孔隙的大分子物質，如：細菌、病原體則不能通過，就會被限制在局部，有利於吞噬細胞進行消滅和吸收，提昇軟骨組織對抗病菌入侵的能力。

體。其中位於桿狀細胞的光敏感色素稱為視紫，視紫是由視紫蛋白與視網醛（維生素A在身體內存在的一種形式）結合而成。

　　然而，受光感應和形成視覺的過程會一直不斷循環著，因此也會不斷的運用和耗損維生素A，所以必須不斷供給維生素A以維持正常視覺。

維持上皮組織的正常機能

　　正常的黏膜細胞會自行合成並分泌醣蛋白，醣蛋白覆蓋於細胞的表面，即可保持細胞內足夠的含水量，進而保持細胞濕潤。

　　缺乏維生素A，會使醣蛋白合成減少，造成角蛋白合成增加，表皮就會呈現粗糙、乾燥的現象。這時，器官的黏膜，如：眼睛黏膜、胃黏膜、消化道、泌尿道等，會因太乾燥、黏液分泌減少而感覺不舒服，影響正常的功用外，更因上皮細胞角質化而減低表皮細胞防禦能力，使細菌有更多入侵身體的機會，所以，補充足夠的維生素A，能增加動物體對傳染病和寄生蟲感染的抗病力。

協助骨骼的正常發展

維生素A與細胞分化、基因的正常表現、及骨骼的發育密切相關。因為幫助骨骼生長的骨母細胞（osteoblastic），需要維生素A的參與才能維持正常發展。維生素A缺乏時，細胞分化變慢，導致生長遲緩，骨骼發育不正常，嚴重時，會因破骨細胞與造骨細胞機能異常，使得顱骨與脊椎骨無法健全發育，造成神經壓迫，可能引發神經退化或麻痺的狀況。

與生殖功能相關

維生素A最後存在於身體內的形式視網醇，其作用有如類固醇荷爾蒙，與生殖功能有關。維生素A也有協助細胞的分化作用，故不論雄性精子的形成、雌性的懷孕、胚胎的發育及生命的生長等，都必需維生素A的參與以維持正常發展。

製造紅血球

紅血球細胞就像其他血球細胞一樣由幹細胞演化而來，維生素A的參與，幫助幹細胞分化為紅血球。

而且維生素A協助儲存在身體的鐵質，形成血紅素，協助氧氣的攜帶。

類胡蘿蔔素的基本功能

β-胡蘿蔔素的功能

前維生素A先質中，最能有效變成維生素A，且其效能最早被發現的就是β-胡蘿蔔素（β-carotene），主要功能有：

●抗氧化作用

β-胡蘿蔔素主要功能為抗氧化，可清除體內之自由基及細胞氧化壞死後的有害物質。

提到自由基，可以說是人體萬病之源，因為自由基若沒有被抗氧化劑清除，就會攻擊正常細胞的細胞膜，諸如DNA這類的細胞，使細胞發生病變甚至致癌。此外，自由基還會攻擊多元不飽和脂肪酸（polyunsaturated fatty acids），這兩者作用後產生一連串的連鎖反應，不斷地破壞細胞、核酸與其他細胞結構而造成許多退化的疾病。

平日攝取足夠β-胡蘿蔔素，可預防或延緩癌症及老化的發生，尤其是抽煙、過度曝曬和環境污染等所造成的身體傷害。有研究指出β-胡蘿蔔素因有助對抗破壞胰島素的自由基，因而有助於第二型糖尿病（Type-II DM，指成人型糖尿病）的預防。

三種胡蘿蔔素（α-胡蘿蔔素、β-胡蘿蔔素、γ-胡蘿蔔素）的抗氧化能力，以β-胡蘿蔔素最強。

●增加免疫力

β-胡蘿蔔素可增加免疫細胞和巨噬細胞的量，這類細胞在人體內可對抗外來的病菌，維持身體正常細胞的運作，故攝取適量的β-胡蘿蔔素，可以提高人體對疾病的抵抗能力。

β-胡蘿蔔素比動物性的維生素A安全性高，到目前為止，尚未出現β-胡蘿蔔素攝取過量的毒性報告，因此，醫師也常常建議孕婦選擇β-胡蘿蔔素，來取代脂溶性的維生素A。

然而，當β-胡蘿蔔素攝取過量時，會於皮膚表層產生色素沈澱，使得皮膚

變黃。發現此狀況時，可暫時停止β-胡蘿蔔素攝取，待表皮慢慢更新，呈現於皮膚表面的色素沈澱就可隨之淡化了。

番茄紅素（lycopene）的功能

番茄紅素雖然不會在體內轉變為維生素A，但與維生素A一樣具有強大的抗氧化功能。

●超高的抗氧化能力

番茄紅素的抗氧化能力為β-胡蘿蔔素的兩倍，維生素E的一百倍，能消滅單元氧，捕捉超氧分子，並提高抗氧化的能力。

●預防紫外線傷害

人體適當的光照是必需的，因為人體需要的維生素D，必須藉由紫外光的吸收才能被製造。但需要日光的同時，我們的表皮細胞又可能因日曬而被紫外線傷害。實驗發現當皮膚被紫外線灼傷時，茄紅素被破壞的比β-胡蘿蔔素還多，因此，推論茄紅素比β-胡蘿蔔素更有保護及撫平組織被氧化傷害的功能。

葉黃素（lutein）的功能

●預防黃斑退化症（Age-related degeneration，簡稱AMD）

黃斑退化症是一種眼睛老化的疾病，也是造成老年人失明常見的原因。

黃斑為視網膜中心的一小點，負責分辨視覺中細節的影像，當黃斑細胞破裂，就產生了黃斑退化症。

黃斑細胞非常脆弱，不論酒精、日曬、抽煙所產生的自由基都

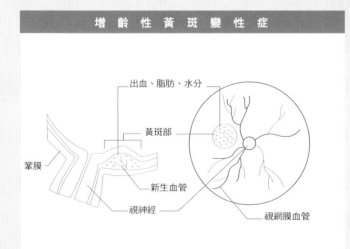

增 齡 性 黃 斑 變 性 症

出血、脂肪、水分
黃斑部
鞏膜
新生血管
視神經
視網膜血管

會使黃斑細胞受損，而飲食中的葉黃素則可以預防和減緩這些傷害。

●增進視力

葉黃素所含的黃色色素能過濾藍色光，進而降低色差，使視力更精準。

●保護視網膜和水晶體

葉黃素就如同其他類胡蘿蔔素般也有對抗自由基的功能，故能防止視網膜因日照所造成的氧化損傷。另外，也能避免擔任重要感光功能的桿狀細胞與錐狀細胞發生退化，防止視網膜色素變性，維持眼睛對光線明暗的適應力及辨色能力。

葉黃素也能降低自由基對水晶體的攻擊，進而預防白內障。

辣椒素（capsaicin）的功能

●降低三酸甘油脂

生物科學期刊中刊載，在西元1987年在老鼠的動物實驗中，證實辣椒素含量高的飲食，可使血液中的三酸甘油脂（TG）及低密度脂蛋白（LDL，壞的膽固醇）含量明顯下降，對體內血脂值的控制有正面幫助，因此有助降低心臟血管疾病及中風的罹患率。

●抒解疼痛

辣椒素會刺激神經細胞分泌P物質，此物質屬於一種胜肽，能透過神經系統傳達疼痛訊息，辣椒素能迅速耗盡P物質，將疼痛訊息快速傳遞完畢，而達到抒解疼痛的目的。

●振奮情緒

吃入辣椒素會使嘴巴產生灼熱感，身體會因應此刺激而釋放出腦內啡（存在腦部，類似嗎啡能減輕疼痛的化學物質），從而振奮精神，因此有人認為這是一種抗憂鬱的自然飲食療法。

健 康 小 辭 典

辣椒素的功能

紅辣椒中可提煉出辣椒素，若干年來一直被用於烹調中，藥草師父也使用它來治療氣喘、關節炎、消化不良等疾病。一般人可能覺得辛辣食物會傷胃，但事實上，紅辣椒會刺激唾液與胃酸分泌，適量使用，反而可以幫助消化。

Knowledge

維生素**A**的功能

維生素 *A* 讓眼睛越夜越清晰

負責視力的組織叫做視網膜，視網膜很像照相機的底片，需要一種色素稱為視紫來感光，視紫由視網醛（維生素A在體內存在的一種形式）與視紫蛋白結合而成，被光照射後，一方面將影像經由神經細胞傳達到大腦皮質產生視覺；一方面感光過的視紫再度被分解為視紫蛋白與視網醛。如此不斷將視網醛與視紫蛋白合成與分解的循環，就能讓視力持續正常的運作。

但不斷反覆產生影像的過程，也可能慢慢將部分維生素A耗損掉，若不繼續補充或補充的量不足，當遇強光消耗大量維生素A後，馬上進入黑暗中，視紫將無法經光刺激使維生素A再生，因此中斷影像產生的循環，而無法在黑暗或微弱的光線中視物，就發生了夜盲症。

夜盲症患者在經醫師指示後，服用大量維生素A，可在數小時後獲得改善，若長久缺乏維生素A，則可能造成失明。所以想要夜晚時有貓頭鷹般的視力，進入戲院可以清楚地找到位置、悠閒地看場電影，別忘了適時補充維生素A。

健 康 小 辭 典

為何由光亮到黑暗或由黑暗入光亮處均有短暫的視覺模糊現象

當我們進入黑暗處一陣子後，眼睛慢慢適應微弱光線，慢慢開始看清週遭景物，這種情形稱「暗光順應」。因在光亮時，視紫與光感應分解，所以視紫質減少，忽然進入黑暗中，視紫會不夠用而發生短暫視物不清。

相反地，由黑暗隧道出來，一下子照射強光，會覺得刺眼，這是因為黑暗中累積視紫增多，忽然到亮處，大量光線與視紫大量反應，眼睛暫時不適應的結果。

維生素 *A* 讓雙眸神采飛揚

想要有雙晶瑩剔透、閃亮亮、水汪汪的誘人雙眸，可不是不時點眼藥水就能解決的喔！到底少了什麼讓你哭不出淚來？而當醫生告訴你，「小姐，你得了乾眼症」時，又該怎麼辦？這一切除了得怪罪空氣惡化和年紀老化之外，其實與維生素A缺乏有關。

眼睛由外至內可分為油脂層、水液層、黏膜層，平時藉由眨眼將眼淚均勻分佈，當三層中的其中一層分泌異常，就會產生眼睛乾澀、發癢、容易疲勞等乾眼症的症狀，其中若為黏膜層分泌異常，則可能是維生素A缺乏所導致。

維生素A不足眼睛易乾澀

維生素A對細胞膜的分化與保水性有很大地貢獻，當維生素A攝取量不足時，淚腺上皮細胞出現角質化，使得淚腺阻塞、淚水減少。

如果細胞表皮的角質化也出現在眼結膜與眼角膜時，將使得結膜和角膜的黏膜細胞粗糙、透明度降低、保水量減少，眼睛就顯得乾澀易疲勞。此時觀察患者的眼結膜，常常會發現部分成泡沫狀，有時出現灰色或棕色的點，一般稱之為Bitot's spot。

健 康 小 辭 典

維生素A治療比托斑（Bitot's spot）

比托斑（Bitot's spot）除常發生在維生素A缺乏的人外，也發生在油脂吸收不良的人身上。有這樣症狀的人，除了想出對策補足營養素與油脂的不足外，最好要避免眼睛過度疲勞和別被二手煙所擺罩，並注意保護眼睛免受直接和間接陽光照射。一般再治療Bitot's 的斑點時，會投予大量維生素A來治療，有效的量約在10,000 到25,000 IU。

Knowledge

維生素 *A* 不讓角膜軟化症上身

角膜軟化是一種逐步加重的角膜疾病。乾眼病患者，出現角膜乾燥症狀，若過久未予治療，角膜變得又粗又厚、皺紋圈明顯，接著進入角膜混濁、形成乳白色膠凍壞死，若繼續受細菌感染，將造成角膜潰瘍、軟化，使得眼球萎縮，最後可能導致失明。

嬰幼兒食品中應添加足量維生素A

角膜軟化症常見於開發中國家，許多兒童都因此而失明。產婦也有因維生素A缺乏，導致嬰兒眼睛畸形的例子。為了避免寶寶的眼睛發生問題，寶寶飲食中應該含有符合建議攝取量的維生素A。

凡是健康、營養良好的媽媽所分泌的母奶，以及嬰兒配方中都含有豐富的維生素A，所以嬰兒只要奶量正常，就可以從奶水中攝取足夠的維生素A。

嬰兒六個月大以後，開始吃固體和半固體食物，例如：蔬菜水果，寶寶也可從這些食物中攝取更多的維生素A。另外，因為維生素A為脂溶性維生素，若以脫脂奶粉餵養嬰兒，或嬰兒無法攝取脂肪，就要特別注意維生素A的補充。

健 康 小 辭 典

角膜軟化症

角膜軟化症為開發中國家童年目盲的主因。已開發國家較罕見，若於已開發國家發生，多半因為維生素A吸收、存貯、或運輸障礙，譬如麥夫質過敏症（又稱乳糜瀉）、潰瘍性結腸炎、囊狀纖維變性、肝臟疾病、或小腸旁路手術及影響脂溶維生素的吸收的任一個因素。

維生素 *A* 讓肌膚水亮光澤

維持上皮組織保水性

美麗的肌膚除了美白之外，最重要的還要能有吹彈可破的「水水」觸感，如果再加上隨時能保有嬰兒般的嬌嫩新生的皮膚，那真是快樂到極點。然而，到底有什麼仙丹妙藥能讓人美夢成真呢？答案是維生素A，它就是為肌膚保鮮的一把鑰匙。

維生素A足夠與否，會影響肌膚的質感。當維生素A缺乏時，無法保持肌膚的通透性，這時皮膚、皮脂會出現角質化，使得皮膚表面呈現小顆粒似雞皮的突起，稱之為毛囊性皮膚角化症，常出現在肩、背及上腿的內側。

假使維生素A進一步缺乏，便無法協助醣蛋白發揮上皮細胞保濕保水的功能，皮膚就會顯得異常乾燥，而使得表皮呈現鱗狀，皮膚層層脫落失去光澤。

幫助表皮細胞再生

所以，若能補充足夠的維生A，可以幫助細胞的再生，新生皮膚表皮細胞，就能創造年輕健美的肌膚，再加上治療面皰和防皺產品的重要成分—維生素A酸，美麗肌膚非你莫屬。

防曬又抗老

若害怕紫外線對肌膚的傷害，維生素A也是極佳的抗氧化劑，能保護肌膚不受自由基的攻擊，皮膚更健康。

健康小辭典

紫外線對皮膚的傷害

根據美國癌症協會報導：80萬件皮膚癌病例研究中，有9成均與陽光曝曬有關，因為紫外線刺激皮膚，引起肌膚產生黑色素、老化，最後產生細胞病變。

皮膚癌發生率：黃、黑種人為白種人的1/10~1/5。

Knowledge

維生素 *A* 抗細菌病毒

維生素A的重要功能是保護細胞膜的完整,而上皮組織的細胞膜是人體的第一道防線。

上皮組織除了位於人體最外層的皮膚外,身體各器官的黏膜層也是另一個直接與外來物質接觸的地方。維生素A缺乏時,表皮及黏膜細胞變乾變硬,細胞的間隙變寬,讓原本分子直徑較大無法穿過人體表面的細菌,也能輕易通過防線入侵體內,造成感染,尤其位於身體黏膜上的細菌最易增生,像是口腔黏膜、鼻腔黏膜、肺泡黏膜、胃腸道黏膜、泌尿道的黏膜等。

維生素A最早被稱為抗感染劑(anti-infective agent),當補充足夠的維生素A後,可修復上皮組織細胞的細胞膜,阻止細菌病毒自由進入體內,細菌會在黏膜上死亡,減少生病的機會。有證據顯示,足夠的維生素A對由病毒引起的疾病有極佳預防效果。尤其以β型胡蘿蔔素轉變而來的維生素A,對於應付一般人常遇見的感冒病毒,最為得心應手。

細 菌 入 侵 圖

細菌 細菌 細菌
細菌 細菌 細菌

表皮細胞
基底膜

健康的皮膚　　　　　　細菌入侵的皮膚

皮膚、口腔、陰道等的表皮細胞所組成的上皮組織,有保護功能,當細胞變乾變硬,細胞間隙變大,外物就容易入侵。

維生素 *A* 天然免疫調節劑

當傷害人體的病菌入侵，身體的第二道防線就是免疫系統，免疫系統啟動時，體內的白血球、B細胞、T細胞會開始出動對抗外來病菌。

維生素A有影響細胞分化的功能，故可使幹細胞分化，變成提高免疫系統所需要的細胞類型，因而加強驅逐外來細菌的速度，扮演著增加身體防禦能力的角色。

降低愛滋病毒傳染給胎兒的機會

身體有一個評估健康狀況的蛋白質稱為維生素A結合蛋白，或稱視網醇結合蛋白（retinol-binding protein；簡稱RBP）。維生素A不論在肝臟貯存、釋放或在血清中運送，都是與RBP結合在一起，此物質由肝臟分泌，主要的生理功能是將維生素A從肝中運送出來。當維生素A缺乏時，肝臟會限制它的分泌而造成血清濃度有意義的下降，若補充維生素A，RBP在數小時內可以回升。

由於RBP在血清中半衰期短，約只有12小時，所以它可當做是內臟蛋白質狀況的合理指標。RBP降低時，可以推測肝的儲存和合成功能受到干擾，或是維生素A攝取不足，此現象則表示身體的營養狀況不佳，相對使得防禦功能減弱，人體易被感染而生病。

有實驗發現受人類免疫缺乏病毒（HIV, human immunodeficiency virus，俗稱愛滋病毒）感染的產婦，在維生素A不足時，有較高比率會傳染給初生兒，而且也會發現嬰兒血中維生素A量也會快速下降，一般推測這與RBP合成有關，故越需要免疫系統運作時，則越有必要補足身體所需維生素A。

維生素 *A* 讓牙齒骨骼更健全

骨骼生長是不斷汰舊換新的過程

個體的體型強健與否決定於骨架大小及骨質構成是否堅固，不論牙齒或骨架等骨骼的生長，都需要維生素A幫忙。

骨骼由幹細胞分化為特定形式的細胞，專司骨頭生長。

骨骼是有循環置換現象的組織，終身不停地進行除舊佈新，這過程稱為「骨骼再塑（bone remodeling）」，在骨骼的生長點，破骨細胞進行分化、吸收，並且溶解骨礦物及有機物，然後進入反轉過程，再由造骨細胞負責骨質合成，發育形成新骨質，如此不斷循環與平衡。

維持破骨和造骨細胞功能的平衡

維生素A是協助幹細胞分化成各種不同功能的細胞的重要物質，所有人體內生長的發動均需維生素A，發育旺盛的小朋友和青少年更是不能缺少。

維生素A不足，會使得造骨細胞和破骨細胞的機能受到影響，進而干擾骨頭的生長，影響小孩與青少年的發育。即使是成人，若缺乏維生素A，也會防礙骨骼細胞的更新。

健康小辭典

骨骼生長，除了維生素A，
睡眠也很重要

研究發現，骨骼並非無時無刻都在成長，在監測研究對象「小羊羔」的腿骨上發現，骨骼生長90%在睡覺或休息時，因為此時，生長板不受壓迫，骨骼才能開始生長。

Knowledge

維生素 *A* 防癌不老更健康

自由基影響人體與日俱增

現在的地球有更多的污染，不論是臭氧層破裂所造成的紫外線威脅，或是抽煙人口增加引發的呼吸系統威脅，都與「自由基」與「抗氧化物質」有關。

到底什麼是「自由基」？而「抗氧化物質」又有什麼好處呢？

簡單的說，每個分子旁邊都圍繞著電子，自由基就是電子數目不平衡，呈現不穩定狀態的分子，不穩定的分子會由別的分子偷取電子讓自己安定下來，導致原本安定的分子被攻擊後又攻擊其他分子，終於形成一連串的破壞。

因為某些刺激與干擾，氧分子變成氧自由基，這是身體常見的反應，氧氣又是維持生命所必需，所以，這些自由基就如影隨形的纏繞著我們。要減少自由基所造成的危害，必須借重抗氧化物質，維生素A就是很強的抗氧化劑。

降低罹患肺癌及乳癌的風險

癌症是自由基攻擊體內去氧核糖核酸（DNA）後，因身體基因產生變異所致。維生素A則會在自由基對人體產生傷害前，先把他們困住，藉此預防癌症的發生。

一般經呼吸進入人體的氧氣，約有2％會變成活性氧，在人體到處氧化，損害細胞，老化加速，嚴重到併發癌症，於是我們期望加強抗氧化能力，以解決這問題。

近來這個被期待的抗氧化物質以β型胡蘿蔔素呼聲最高。由維生素A與β型

健　康　小　辭　典

不要讓食物變毒物

除了環境中自由基蘊育出致癌物質外，烹調上也要注意，應以低溫烹調魚與肉，避免燒焦，也不要以火焰直接接觸食物，如燒烤、煙燻等，防產生毒性物質。

胡蘿蔔素與肺癌罹患率的研究發現，高劑量的維生素A與β型胡蘿蔔素（β-carotene）的補充品可以降低得到肺癌的危險。研究人員找到有抽煙習慣或環境中會吸入石綿的受試者，其中9,000人為實驗組，每日給予25,000IU的維生素A和30毫克的β型胡蘿蔔素，另外9,000人為對照組，每天吃入安慰劑，四年後追蹤發現，對照組肺癌的罹患率比實驗組高出28%。

另外在實驗室的體外研究中，發現維生素A可減少乳癌細胞的生長，因此樂觀推論，維生素A應該可以降低罹患乳癌的危險。

維生素 *A* 保護心血管系統

心血管疾病是一個令人頭痛的疾病，許多原因可能直接或間接導致心血管疾病的發生，最主要的原因是血管管腔功能的完整與否，尤其是血管內皮細胞是否受損是導致血栓的主因。

維生素A有助於表皮細胞的再生與功能維護，缺乏維生素A將使得血管的表皮細胞粗糙、乾、硬，無法吸收血液撞擊在管壁的力量，致使血壓居高不下，壓力太大再加上血管彈性不夠，易使內膜破損或小血管斑剝斷裂。

另外，若沒有維生素A執行抗氧化工作，除了血管壁及其他內臟表皮細胞會受自由基攻擊產生變異之外，自由基會使壞的膽固醇（LDL，低密度脂蛋白）氧化變成過氧化脂質，沉澱滯留於血管內壁，導致動脈硬化、狹心症、心肌梗塞等嚴重的疾病。

健 康 小 辭 典

血管守護者β-胡蘿蔔素＆前花青素

許多研究顯示紅酒中的前花青素（Proanthocyanidines）與β-胡蘿蔔素均是強力的血管守護者，維護動脈、靜脈及微血管所組成的巨大循環網路系統。前花青素能阻止膽固醇在動脈管壁上囤積，β-胡蘿蔔素則保持血管彈性，維持血液流動順暢，所以它們被廣泛利用於高血壓治療及心臟病的預防。然而在使用時，仍需注意適量與互相配合的原則。

喝酒又吃β-胡蘿蔔素易傷肝

1993年，紐約市布朗克斯退伍軍人醫療中心研究酗酒的狒狒，發現每天攝取過量酒精並補充β-胡蘿蔔素30mg（相當於5000 IU）的狒狒比另一組只攝取酒精的狒狒，有更大的肝臟損傷。

所以酒精與β-胡蘿蔔素混合使用時，要找出安全的分量，假如你服用β-胡蘿蔔素，建議每天喝的純酒精量不要超過30c.c，這樣的量相當於50c.c的紅酒、一罐酒精混合飲料或兩罐啤酒。倘若你每天飲用的純酒精量達120～180c.c，無論如何都不要補充β-胡蘿蔔素。

A 酸協助皮膚保養

Ａ酸的形成是由維生素Ａ(視網醇retinol)氧化變成Ａ醛(retinal)再變成Ａ酸(retinoic acid)，現在市面上的Ａ酸包含有塗抹的Ａ酸和口服Ａ酸Isotretinoin(13-cis-retinoic acid)，各有不同活性。最近也有新合成之類維他命Ａ酸新藥叫Adapalene，可直接作用在細胞核內的接受器。許多化妝品標榜維他命Ａ醇、酯化Ａ或者Ａ醛，強調的是透過細胞酵素的轉換變成活性的Ａ酸，減少直接塗抹Ａ酸的副作用。這些Ａ酸都用於皮膚的治療與保養：

●抗痘

青春痘的生成與下列四大要素有關：荷爾蒙的變化、皮脂腺的分泌、毛孔開口處角質異常與痤瘡桿菌的作用。Ａ酸可以矯正不正常毛囊的角化現象，毛孔的阻塞將獲得改善。加上口服Ａ酸有抑制皮脂分泌、抑制細菌增生，並減緩發炎反應的作用。一般來說治療約二到六週內獲得滿意的效果。剛剛使用Ａ酸治療時，只有最嚴重的囊腫型或者反應不佳的痤瘡，需要使用口服Ａ酸。

●對抗紫外線

白天做好防曬，是對抗紫外線造成肌膚老化的基本動作。Ａ酸可以改善肌膚受到紫外線長期照射所產生的老化現象，增加真皮層膠原蛋白的製造及穩定細胞間質，促進表皮細胞分化，促進角質層平整，使皮膚變得較為光滑細緻。

●淡化斑點

Ａ酸使用範圍還包括有日光引起之老化肌膚、發炎後色素沉澱、日光性色素異常、雀斑等。但Ａ酸使用於敏感性皮膚時要特別注意副作用。

怎樣吃維生素**A**最健康？

學會計算每日攝取量

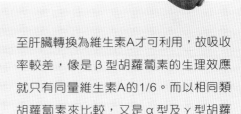

由於維生素A以多種形式存在，可轉化成維生素A的維生素A前質又有很多種，所以源自不同形式、不同食物吸收到的維生素A，效力各有不同，讓我們由計算維生素A的單位與其建議量——作說明。

維生素A的計量

過去維生素A以國際單位為計量的單位，簡稱I.U.。現在國內則以微克（μg）或視網醇當量（retinol equivalent，簡寫RE.）為計算維生素A含量的單位。國內目前已使用高效液相層析法分析定量食品中類胡蘿蔔素，故可精確計算RE值。

以往認為動物性食物所攝取來的維生素A，為視網醛或視網醇，進入人體可直接被利用；而植物性的維生素A來源，以維生素A先質的形式進入身體，必須先至肝臟轉換為維生素A才可利用，故吸收率較差，像是β型胡蘿蔔素的生理效應就只有同量維生素A的1/6。而以相同類胡蘿蔔素來比較，又是α型及γ型胡蘿蔔素的兩倍。

2002年美國／加拿大最新修訂的營養素攝取參考量（Dietary References Intakes，DRI），採用Van het Hof et al之研究結果，訂定蔬果飲食中β-胡蘿蔔素被人體的獲取率為補充劑的14%，並重新定義植物性食物中β-胡蘿蔔素之維生素A有效性為視網醇之1/12，稱為視網醇活性當量（retinol activity equivalency, RAE），而其他具維生素A效態之類胡蘿蔔素則為視網醇之1/24。

現在就讓我們將上述情形，以視網醇當量（RE.）作為標準，比較一下來自

各種形式的維生素A之含量：

1RE（視網醇當量）

＝1微克（μg）視網醇（retinol）

＝6微克（μg）β-胡蘿蔔素

＝12微克（μg）α-胡蘿蔔素及γ-胡蘿
　蔔素。

　　儘管國內衛生署是以微克（μg）或視網醇當量（RE）為計算維生素A含量的單位，但市面上還是有不少維生素補充劑的計算單位是以國際單位（I.U.）來計算，因此為了了解自己到底吃進了多少維生素A，必須了解國際單位（I.U.）和國內的計算單位微克（μg）如何換算。

　　國內也曾經用美加等國的相似方法，以健康成年男性為測試對象，進行植物性食物中β-胡蘿蔔素被人體獲取率的實驗。實驗中請受試者分別吃入油炒紅蘿蔔絲、油炒空心菜葉及油炸甘藷球等，測試三種食物中β-胡蘿蔔素之生物可獲率，結果上述三種食品分別為33％、26％及37％，獲得的數據較國外研究結果高。因此，我國本次修訂的版本，暫不改變以視網醇當量為維生素A活性計量單位，但取消容易造成混淆之國際單位（international unit，IU）。

維生素A不同單位的換算

　　一個國際單位（I.U.）又相當於0.3微克（μg）維生素A或0.6微克（μg）的β-胡蘿蔔素，

故1RE ＝3.33 I.U. 視網醇

　　　 ＝10 I.U. β-胡蘿蔔素

● 練習算算看你吃了多少維生素A吧？

例題：小明今天吃入來自動物性的維生
　　　素A 250I.U.，β-胡蘿蔔素1500
　　　I.U.，則小明今天吃了多少維生素
　　　A？

解答：250 I.U /3.33＋ 1500 I.U /10

　　　＝75 RE＋150 RE

　　　＝225 RE

　　　＝225μg　retinol

　　答案是225個視網醇當量或225μg的視網醇。你答對了嗎？懂得簡單的換算方法，就不怕不知道自己吃下多少維生素A了。

維生素 *A* 每日飲食建議量

營養素的建議量，會有幾個參考依據，再將這些依據所顯示的數據，做為訂定國人每日營養素建議量的參考。

如何訂定營養素的建議量

這些依據包括：

● 將同一種營養素，以不同計量投予缺乏者，然後找出治療缺乏症的劑量。

● 以營養素平衡實驗，找出使營養素平衡的劑量。

● 找出可使組織中該營養素達到飽和的攝取量。

● 健康正常人或母乳哺餵嬰兒的實際攝取量。

● 配合食物實際供給狀況計算，符合實際的建議攝取量。

台灣區最新的每人每日飲食建議攝取量，於民國九十一年由行政衛生署重新修訂，根據衛生署於食品資訊網所公布的訂定

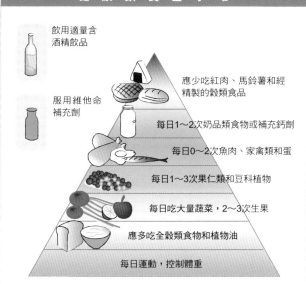

健康飲食金字塔

飲用適量含酒精飲品

服用維他命補充劑

應少吃紅肉、馬鈴薯和經精製的穀類食品

每日1～2次奶品類食物或補充鈣劑

每日0～2次魚肉、家禽類和蛋

每日1～3次果仁類和豆科植物

每日吃大量蔬菜，2～3次生果

應多吃全穀類食物和植物油

每日運動，控制體重

2002年，哈佛大學公共健康學院的沃爾特‧威萊特博士設計的「健康飲食金字塔」（Healthy Eating Pyramid）

原則，訂定攝取量。這次的建議攝取量是根據1988年聯合國糧農組織／世界衛生組織建議之觀念，以安全攝取量（Safe Level of Intake）為建議之基礎來修訂。

何謂安全攝取量

近來國人越來越了解營養均衡的重要性，而在2002年，哈佛大學公共健康學院的沃爾特·威萊特博士設計了「健康飲食金字塔」（Healthy Eating Pyramid），其中也建議每天服用「適量」的維生素補充劑，但「適量」並不是「無限量」，所以，行政院衛生署對許多營養素都有安全建議量，和上限建議量，提供民眾依循，以確保國人身體的健康。

所謂「安全攝取量」，就是維持成年人每公克肝臟中維生素A濃度在20微克以上，所需吃入的維生素A的量。嬰兒之安全攝取量則根據母乳哺餵嬰兒的攝取量來計算；至於其他成長中之各年齡層，則由嬰兒及成年人之安全攝取量以推算求得。

由以上想法所訂定的每日飲食攝取量，是以安全攝取量為基礎，並沒有考慮營養素對於預防疾病或此營養素與其他營養素的交互作用，所以，衛生署此次公布的建議量比以前的建議量略低。

目前行政院衛生署公布的維生素A的每人每日建議量RDA

營養素	維生素A	
單位	微克（μg）	
年齡	男	女
0月	AI=400	
3月～	AI=400	
6月～	AI=400	
9月～	AI=400	
1歲～	400	
4歲～	400	
7歲～	400	
10歲～	500	500
13歲～	600	500
16歲～	700	500
19歲～	600	500
31歲～	600	500
51歲～	600	500
71歲～	600	500
懷孕第一期	-	500
第二	-	500
第三	-	600
哺乳	-	1000

* AI（Adequate Intake）：足夠攝取量
　RDA（Recommended Dietary Allowance）每日飲食建議量

維生素 *A* 的上限攝取量

維生素A若在短時間內食入很高的劑量，或長時間累積，至一定濃度時會對身體造成危害。成人短時間攝入150,000μg或更高量的維生素A，可能造成急毒性症狀。若每日攝入30,000μg視網醇，連續數月或數年則造成慢性毒性。

我們利用造成急性毒害的劑量及一些可能造成毒害的考量（稱為不確定因子（UF），來找出安全的最高攝取劑量，稱為上限攝取量（Tolerable Upper Levels，UL）。而此劑量專指對人體會造成明顯毒性的「既成」維生素A，即視網醇或視網醇酯，維生素A先質因毒性相對較不明顯，未列入考慮。國內維生素A的上限攝取量是沿用美國 （2002）而來。分別如下：

嬰兒：上限攝取量為600 mg/d

美國食物與營養委員會根據四個嬰兒病例報告得出結論為：每天攝入5,500-6,750mg維生素A補充劑，時間達 1至3個月，會造成厭食、易怒、囟門鼓脹、顱內壓增高、脫皮及皮膚病變。此四病例維生素A之平均攝取量為6,560mg/d，取整數值6,000mg/d為最低危害量（LOAEL），並將UF訂為10。據此，計算上限攝取量（UL）：

UL= LOAEL/UF = 6000 /10 = 600 mg/d

育齡婦女：上限攝取量為3,000 mg/d

以美國「致畸胎」劑量訂定為「既成」維生素A之危害指標。

根據人類流行病學研究得知：

● 孕前或孕期內由補充劑攝取少於或等於 3,000 mg/d 之維生素A不致造成不良反應。

● 由補充劑與日常食物中共攝取總量少於或等於4,500 mg/d的維生素A劑量無不良效應。

● 懷孕第一期攝取劑量大於4,500 m g/d 者風險顯著高於攝取劑量小於1,500 m g/d者 。因此，採用4,500 mg/d 為無毒害作用劑量（NOAEL），不確定因素（UF）採1.5，以涵蓋個體差異。據此計算孕齡婦女維生素A之上限攝取量（ UL ）值：UL ＝ NOAEL/UF ＝ 4500/1.5＝ 3000 m g/d

19歲以上：
上限攝取量為3000 mg/d

　　以美國/加拿大之「致肝病變」劑量為訂定指標。文獻指出連續攝取14,000～15,000 mg/d維生素A長達10～12年，即造成肝細胞腫大，故以14000 mg/d為限制劑量，並將不確定因子（UF）訂為5以涵蓋，由最低危害量（LOAEL）推算出無毒害作用劑量（NOAEL）的不確定性，並涵蓋最低危害量（LOAEL）之危害嚴重性、不可逆性以及個體差異。據

此，計算上限攝取量（UL）：UL ＝ LOAEL/UF ＝ 14000 / 5 ≒ 3000 m g/d

其他年齡的上限攝取量

　　其他各年齡層兒童與青少年，則根據成年人之上限攝取量及體重，換算而得，可參考附表。

健　康　小　辭　典
·mg/d：每日攝取的總量，單位為毫克（mg毫克，d每天）
·UF：全文為uncertain factor，意指不確定因子
·UL（Tolerable Upper Levels）：可接受上限值
·NOAEL（No-Observed-Adverse-Effect Level：）安全值
·LOAEL（Lowest-observed-adverse-effect level）：下限安全值
（ 資料節錄自行政院衛生署出版之「國人膳食營養素參考攝取量及其說明修訂，第六版」）

國　人　膳　食　營　養　維　生　素　A　上　限　攝　取　量																
年齡	0月｜	3月｜	6月｜	9月｜	1歲｜	4歲｜	7歲｜	10歲｜	13歲｜	16歲｜	19歲｜	31歲｜	51歲｜	71歲｜	懷　孕			哺乳期
															第一期	第二期	第三期	
（mg/RE）	600				600	900	1700	2800	3000				3000			3000

維生素 *A* 攝取過量會中毒

維生素A是身體必須的營養素，如前所述，它具有多種功能，若攝取不足，會對身體造成許多影響，嚴重時也可能會造成某些疾病。相對地，由於維生素A是脂溶性的維生素，所以，攝取量超過身體使用量時，大部分會累積於肝臟中，小部分則累積於腎臟、皮膚、眼睛，它並不會如水溶性維生素一樣，過多的量可隨水分排出體外，所以，無限量的攝取，可能會造成身體的毒性。

維生素A中毒所產生的症狀

維生素A的急性中毒會產生嗜睡、易怒、劇烈頭痛、嘔吐、肌痛的症狀；慢性型中毒則會有易怒、嘔吐、食慾降低、頭痛、皮膚乾燥、癢或脫屑、禿頭、眼球震顫、齒齦炎、口角破裂、淋巴結腫大、皮膚局部色素沈著、肝脾腫大等症狀。

婦女在懷孕期或懷孕期前的高劑量維生素A亦使胎兒畸形之機率偏高。

正在服用口服避孕藥者，建議須減少維生素A補充品的服用量。

β-胡蘿蔔素的安全性較高

由於β-胡蘿蔔素的生理活性只有維生素A的六分之一，且吃進人體的β-胡蘿蔔素約只有三分之一於小腸黏膜轉變為維生素A；三分之二的β-胡蘿蔔素則會保持β-胡蘿蔔素的型態被吸收，表現β-胡蘿蔔素本身的特性與功效。所以，目前為止，並沒有因β-胡蘿蔔素攝取過多而產生毒性的報告。

人體長期攝入高劑量β-胡蘿蔔素補充劑，並無不良反應產生。研究顯示，每日攝取β-胡蘿蔔素20mg（3,333RE），皮膚會有顏色泛黃的現象，但不會發生危險，停止攝取後，皮膚即回復正常，β-胡蘿蔔素在進入身體之後，被肝臟和腸道等器官分解，分解後

形成的維生素A，在腸道並不是百分之百吸收，所以不容易在臟器造成堆積而產生毒性，所以攝取β-胡蘿蔔，可以補充維生素A又可避免了因維生素A的攝取過量所造的中毒問題。

由調查結果發現，國人已能達到維生素A的每日攝取標準，且其中位數均大於平均值，因此，國人維生素A的攝取量並無缺乏現象。

雖然如此，但在某些狀態下，維生素A的需求會較平常多，遇到這些狀時還是必須適時補充。

國民維生素A攝取量變遷調查

1993年～1996年國民營養變遷調查之維生素A每日攝取狀況，如附表：

維生素A每日攝取量（1993～1996國民營養變遷調查）				
性別	年齡（歲）	平均值（I.U.）	中位數*	佔建議量之百分比
男	13～15	4970	7186	108%
	16～19	5786	9046	116%
	20～24	5050	9280	101%
	25～34	7844	11958	157%
	35～54	9090	17722	182%
	55～64	8863	13117	177%
	19～64	8090	14500	162%
女	13～15	3950	6601	86%
	16～19	4256	4498	101%
	20～24	5972	8705	142%
	25～34	6823	10858	162%
	35～54	8607	12500	205%
	55～64	10036	12616	239%
	19～64	7809	11528	186%

*中位數：將接受國民營養調查全部的人之維生素A每日攝取量的平均值，由大排到小後，取佔最中間的值即為中位數。

誰需要維生素A？

維生素 *A* 對各生命期的幫助

● 嬰幼童期

嬰幼兒時期，包括牙齒、骨骼及各種黏膜相關的器官，開始蓬勃生長發育，對維生素A需求殷切，缺乏時會嚴重導致體型、視力、腦力等畸形或缺陷。不愛吃肉的小朋友，最容易出現維生素A缺乏的情況，最好能改善偏食的習慣，或者，每天補充魚肝油也是很好的選擇。

● 青少年

青少年時期是主要的學習階段，接觸書本、電腦螢幕及各式影音聲色媒體的機會增加，時間又長又密集，很容易忽略眼睛保養，視力常常迅速惡化，維生素A的補充可以防止視力減退及各種眼疾。而且，對此期急速發育的骨骼，也應提供充足的維生素A，協助骨骼成長。

● 成人

經過青少年的求學階段，進入競爭的社會，開始承受更大的工作壓力。加上環境中接觸的菸酒機率增加，或因工作必須暴露在強光、輻射的環境，而且熬夜的頻率也變多了。此期生理上的生長也到達頂峰，細胞不再成長，逐漸要邁入老化。在此時期，維生素A扮演重要的抗氧化、抗老化的任務。

針對愛美的男女，維生素A對延緩皮膚老化、去斑抗皺、及隨時保持明亮的大眼睛有很大助益。對於成年夫妻，維生素A可以使精子、卵子生長健全，可強化生殖能力。

● 懷孕期

懷孕時，媽媽服用的維生素A會經由母體的胎盤進入胎兒體內，不足或過

量，均會影響胎兒發育。

　　至於是否對胎兒造成傷害，則視胎兒當時發育的成熟度與所攝取維生素A的劑量、種類而定。若缺乏，會造成胎兒視力缺陷，並有骨骼生長畸形的可能。但過量也會造成危害，世界衛生組織和國際維生素A諮詢小組都建議，在懷孕期間，維生素A每日劑量不應高於10,000IU。美國婦產科醫學會也建議，懷孕婦女每日補充維生素A的劑量最多不能超過5,000IU。尤其懷孕第四週到第十週的期間是最危險的階段，更要嚴密控制維生素A的攝取量，因為胎兒的許多器官正在形成，發生天生異常的機率也最高。

● 哺乳期

　　哺乳期的母親，營養補充除了對自己往後體力的復原很重要外，對依賴母親的奶水供給全部營養的嬰兒來說更為重要。此時攝取足夠的維生素A，才能使嬰兒持續各種黏膜器官的發展，包含視力、淚腺、呼吸系統、腸胃道黏膜，甚至增強對外來細菌的抵抗力，減少感冒機會。

　　研究顯示，每100cc母乳中，β-胡蘿蔔素含量為17-23mcg，可幫助寶寶的視覺發展，保護皮膚，維持呼吸道正常，且可以增強寶寶的抵抗力，所以餵哺母乳最好。

● 老年期

　　維生素A的作用對老人來說非常重要，包括：抗老化、抗皺、除斑，減少視力減退及視網膜色素病變（黃斑症）的機會，增強呼吸性感染疾病的抵抗力，治療肺氣腫等。

　　老年人的皮膚已老化乾燥，缺乏維生素A更容易使細胞角質化，使表皮的外觀更為粗糙，防禦細菌功能更為減低，具黏膜組織的呼吸系統、消化系統、泌尿系統功能都會下降，使老年人健康大受威脅。

　　要避免視力急速退化與視網膜色素的變性，有必要補充維生素A，否則若病情嚴重，甚至會導致失明。

維生素 *A* 對不同生活習慣者的幫助

●學生

對青春期的學生而言，由於課業忙碌、上下課通勤時的空氣污染、加上皮脂腺分泌旺盛，常出現惱人的面皰；或者出現肌膚角質化，表皮呈現粗糙乾燥狀態，維生素A有助於解決這些問題。

求學階段使用眼睛的時間很長，配戴隱形眼鏡和長時間接觸電腦螢幕都會使眼睛黏膜乾澀，非常需要維生素A來幫助改善。

●上班族

上班族通勤過程及工作環境，容易讓身體產生自由基，像是空氣污染、紫外線照射、電腦螢幕的輻射等，許多人常出現氣喘、過敏、陽光照射後皮膚發癢、乾眼症等症狀，維生素A可以提供絕佳的抗氧化協助，降低表皮、黏膜細胞受傷的程度，減緩眼睛因曝曬導致病變，防止肌膚氧化、老化的發生。

●素食族

素食者僅能由植物性的食物中攝取維生素A，而β-胡蘿蔔素在腸胃道吸收率只有來自動物性食物維生素A的1/6。動物性食物食用時已伴隨脂肪，有助維生素A的吸收；但是由植物性食物獲取的維生素A先質，必須加上油脂才會有比較好的生物利用率，故素食者必須很注意維生素A的補充，否則容易缺乏。

●吸煙族

吸煙帶來強烈的氧化作用，自由基的破壞包括了皮膚、氣管和肺臟等表皮與黏膜細胞。維生素A、β-胡蘿蔔素等強力抗氧化劑，能捍衛這些細胞，使不被破壞殆盡，甚至預防癌症的發生。

根據1980年代以後所進行的調查發現，攝取β-胡蘿蔔素少的人，比β-胡蘿蔔攝取多的人多7倍罹患肺癌的機會。

●酗酒族

喝酒時的熱量代謝常以酒精為優先，減少或延緩蛋白質的代謝，進而也

影響食物內維生素的分解代謝。

　　長期酗酒也易造成營養素的流失，更嚴重的是會引發酒精性肝炎、肝硬化，導致肝臟功能受損，會進而影響維生素A的合成、運送與儲存。

● 減肥族

　　減肥族在積極追求外型的改變時，也應重視營養素的均衡攝取，才能容光煥發。

　　若只是減少食物、熱量的攝取，使得營養素不夠，便容易瘦了身材也少了健康，尤其缺乏維生素A時，將出現表皮粗糙、肌膚沒有光澤、毛髮脫落、也可能因抵抗力降低而常常感冒，失去原先想瘦下來的積極目的。

● 夜間工作者

　　夜間工作者即使有良好的照明，也易因天然光線來源受限，需要耗費較多視力，對視網醇（維生素A）的需求量增高，故需要較多的維生素A補充。於夜間戶外工作，無法有良好的照明者，若缺乏維生素A，甚至產生夜盲現象，在黑暗的環境暫時喪失視力。

● 電腦工程師

　　電腦工作者長期注視電腦螢幕，使用眼睛的時間很長，並隨時受到螢幕輻射的傷害，維生素A的消耗量是不需在螢幕前工作者的2-3倍，沒有適時補充，容易引起眼睛疲倦、乾澀，傷害視力。

● 家庭主婦

　　家庭主婦每天需要處在油煙籠罩的廚房至少2-3小時，與隨時在空氣污染環境下的上班族、煙霧環繞的抽煙族一樣，長期遭受自由基侵蝕，不論眼睛黏膜和肌膚表皮也不斷地遭受破壞。維生素A可將乾澀的眼睛恢復濕潤明亮，漸漸淡化皮膚斑點、消除膿包、除皺美白，使乾燥蠟黃的問題皮膚恢復光澤亮麗。

● 膽管阻塞及腸切除患者

　　膽管阻塞患者，因疾病使維生素A吸收過程受阻，無法有效製造膽鹽協助維生素A進入腸黏膜。

　　腸切除患者，無法將乳化的維生素A經過腸黏膜吸收，運送至肝臟利用或儲存，長期會造成缺乏，需要由非腸道的營養補充方式來供給維生素A，例如：中央靜脈注射、周邊靜脈注射等，經由血液直接輸送維生素A至肝臟。

維生素 *A* 對各種器官與系統的幫助

●眼睛

　　眼睛的疾病中最常見的是「眼睛疲勞」，會出現眼睛痛、乾澀、模糊、充血等症狀。發生這些症狀時，與其不斷點眼藥水補充水分，不如認真的補充應有的營養素，才能由內而外確實達到治療的效果。

　　維生素A、β-胡蘿蔔素、維生素B群、維生素C、E，都能有效的消除眼睛疲勞和乾眼症的問題。其他如夜盲症、視網膜黃斑症患者投予足量維生素A，可以有效治療。

●嘴巴

　　因為壓力大、睡眠不足，常見的症狀就是口腔發炎，一般俗稱「火氣大」，而維生素A、B群、E都可改善此病症。

　　口腔炎會使得口腔黏膜腫脹、形成水泡或潰瘍，而維生素A因與表皮細胞分化再生密切相關，所以，維生素A對口腔黏膜細胞的修復有很大助益，可快速修補傷口，恢復健康。

●呼吸系統

　　與呼吸系統相關的器官包括鼻子、支氣管、肺臟等，而這些器官與外界接觸的交界，（如：鼻腔、氣管、肺泡）都有黏膜細胞。保護黏膜細胞健康的首要營養素就是維生素A，缺乏維生素A會使細胞表皮呈現角質化，細菌因此很容易突破表皮防線，衍生各種疾病，最常見的是感冒。而感冒常破壞身體的防禦系統，引起更多的疾病如：肺炎、支氣管炎、過敏等。在巴西的一項研究計畫中，維生素A被證實可以改善肺功能。

●循環系統

　　循環系統包含心臟、血管和血液。血液由心臟出發，經由血管循環全身再回到心臟，血液若無法順暢地在血管中流動，常引發疾病。

β-胡蘿蔔素可以減少低密度脂蛋白（LDL，壞的膽固醇）的氧化反應，降低低密度脂蛋白被自由基破壞，因而可降低冠狀動脈硬化的風險。而維生素A對心臟、血管表皮細胞具有保護作用，進一步確保循環系統更安全地運作。

● 消化系統

消化系統疾病與維生素A最相關的包括：急性胃炎、慢性胃炎、胃潰瘍與十二指腸潰瘍。這些疾病與胃壁、腸壁的黏膜受損或黏膜受到細菌病毒入侵有關，因此，不論預防或復原均與維生素A息息相關。

另外，有些有毒素經口進入食道、胃腸黏膜，引起自由基破壞、造成細胞氧化，此時維生素A也扮演對抗與保護的工作。

● 皮膚

皮膚除了是疾病的第一道防線，肌膚狀態良好也是美麗的保證，而維生素A提供的抗氧化，保護與細胞表皮再生，其保濕效果也讓皮膚「水噹噹」。

A酸在淡斑、美白、防皺與治療痤瘡和青春痘的效果令人趨之若鶩，所以維生素A絕對是不可小覷的美容聖品。

● 骨骼

從胎兒骨骼細胞的分化開始，到成人的骨架，由腦部顱骨的成形到腦組織完整，甚至牙齒的發育、琺瑯質的生成都是維生素A管束的範圍，所以，所有與骨頭發育相關的疾病或多或少與維生素A的攝取有關。

維生素A攝取過少會使骨骼生長發育受限，攝取過多也同樣會抑制骨骼的生長發育。

● 生殖泌尿器官

維生素A協助製造健康的精子與卵子，間接影響人類生殖繁衍的重責大任。而生殖器官的黏膜健康與完整同樣也與維生素A相關，足夠的維生素A可以保持生殖、泌尿器官表皮細胞的濕潤光滑，不會因角質化而呈現乾燥粗糙，對於健康的表皮黏膜也有避免發炎、破損的功效，更提供這些器官較有利的防禦條件，以預防外來細菌。

維生素**A**在哪裡？

維生素 *A* 的食物來源

來自動物的來源

● 奶類：牛奶、奶油。

● 內臟：肝臟。

● 魚類：銀鱈、烤鰻魚。

● 其他：雞蛋、魚肝油。

來自植物的來源

● 橘黃色蔬果：

　胡蘿蔔、紅番茄、南瓜、玉米、芒果、葡萄柚、木瓜、柑橘、西瓜、枸杞、甘藷、紅椒、甘藍。

● 深綠色蔬菜：

　菠菜、茼蒿、花椰菜、青椒、蘆筍。

● 其他：杏仁。

食物含量表

● 蛋、豆、魚、肉類

含量 食材	β-胡蘿蔔素 μg/100g	維生素A（視網醇） μg/100g
豬肝	-	71,885
雞肝	-	38,315
蒲燒鰻	-	4,355
黑豆	2,049	-
鰻魚	-	1,500（日本）
銀鱈	-	1,100（日本）
蛋黃		536

● 奶類

含量 食材	β-胡蘿蔔素 μg/100g	維生素A（視網醇） μg/100g
全脂鮮奶	-	41

●油脂類

含量 食材	β-胡蘿蔔素 μg/100g	維生素A（視網醇） μg/100g
動物奶油	-	524

●主食

含量 食材	β-胡蘿蔔素 μg/100g	維生素A（視網醇） μg/100g
甘藷	9,100	-
南瓜	3,920	-
麥片	839	-
玉米	10	-

●水果

含量 食材	β-胡蘿蔔素 μg/100g	維生素A（視網醇） μg/100g
聖女番茄	4,300	-
愛文芒果	2,130	-
新疆哈蜜瓜	3,400	-
枇杷	780	-
甜柿	780	-
西瓜	760	-
水蜜桃	440	-
柑橘	400	-
葡萄柚	280	-
木瓜	240	-

●蔬菜

含量 食材	β-胡蘿蔔素 μg/100g	維生素A（視網醇） μg/100g
川七	19,370	-
美國空心菜	14,050	-
紅鳳菜	11,500	-
甘藷菜	7,510	-
波菜	3,830	-
胡蘿蔔	3,500	-
油菜	2,220	-
辣椒	2,120	-
甜椒	210	-

＊以上資料來源：中華民國台灣省衛生署公布之食品營養
　含量及日本厚生省食品分析
＊國內目前使用高效液相層析法分析定量食品中類胡蘿蔔
　素，可精確計算RE值。
＊1000μg=1mg=1毫克

來自補充劑的來源

　　除了天然的維生素E，沒有相關證據可證明維生素中，天然維生素與合成維生素哪一種較好。換句話說，並沒有相當證據證明服用天然的維生素與合成的維生素會產生不同的生理反應。因此我們可以說天然維生素和合成的維生素，幾乎都會表現出相同的功能和效用。

　　由於維生素A補充劑為脂溶性，最佳的服用時機為飯後，或者與食物一同進食，讓食物中的油脂協助維生素A吸收利用。

怎麼吃最有效率？

到 底怎樣的吃法與烹調方式能最有效率、最不浪費食物中的維生素A呢？讓我們依據維生素A的特性，找出最佳的生物獲取率，使我們在攝食時，事半功倍。

幫維生素A「加油」

維生素A為脂溶性維生素，意謂著維生素A溶於脂肪及油脂類溶劑。因此烹調時加入油脂，或在有油脂的環境下，維生素A較易被溶解出來，攝食時更容易的被吸收。再加上食物中的脂肪，能刺激膽汁分泌，更能有效使維生素A及類胡蘿蔔素，進一步被吸收代謝。

存在動物性食物中的維生素A，攝入時，也將含在動物臟器、肌肉等組織中的油脂一起吃進身體，故可以得到很好的生物可獲率。但在植物中的維生素A，像是β-胡蘿蔔素、番茄紅素、葉黃素等維生素A先質，烹調時最好經油炒或拌入油脂方式，不要只以水煮或水燙。

對熱與鹼都很安定

由於維生素A對高溫及鹼性環境均呈穩定狀態，故將富含維生素A的食物加熱烹調，其生理功能並不會完全被破壞。但是超高溫則例外，如油炸、高溫燒烤、烤箱高溫烘焙、熱炒時油溫度過高等，仍有可能影響維生素A的功能。

因此，我們可以將這些富含維生素A的食材，採取大火快炒來縮短烹調時間，以免營養素流失太多。由於維生素A在鹼性環境下也很安定，故烹調中若遇到需以鹽醃漬、小蘇打烘焙等料理步驟，也依舊能保持維生素A的養份供給，不損害其生理效果。

在有氧環境會加速被光破壞

維生素A並不特別受到光的影響，除非在有氧氣的情況，曝露在空氣中的維生素A會被氧氣氧化破壞，此時，若再加上紫外線照射，就會嚴重影響其品質。

特別是攝取維生素A的補充劑－魚肝油時，其包裝條件不見得需要不透明的材質，但一定要將瓶蓋密封好。每次用畢應快速蓋上，放於不會直接照射陽光處，否則魚肝油會很快氧化，甚至出現油耗味。

胡蘿蔔、芒果、哈密瓜等富含維生素A的果汁，也需現榨現喝，或密封避光，才能吃到品質良好的植物性維生素A（β-胡蘿蔔素）。

破壞細胞壁增加生物獲取率

動物性的維生素A不論何種形式烹調或切割，都能得到很好的生物獲取率，身體吸收利用的效率非常好。

但是植物性的維生素A，就無法有這麼好的生物獲取率，包括β-胡蘿蔔素、番茄紅素等，因此，最好利用加工方式提高其吸收率。

● 番茄醬增加番茄紅素的吸收

經過實驗發現，由番茄醬吸收的番茄紅素會大於新鮮番茄，其中差異是因番茄醬經削切番茄的過程會破壞細胞壁，使得番茄紅素的生物利用率大大地增加；而且加熱的過程也使得番茄的細胞壁結構被破壞，讓番茄紅素更易為身體吸收利用。

● 蔬果打汁能有效吸收β-胡蘿蔔素

植物性的維生素A也可能以生食的方式來攝取，不同的生食方式，如不同切割、不同製作方式，會有不同吸收效率。

β-胡蘿蔔素是維生素A先質最主要的表現形式，過去十餘年來，許多研究者以測定血清中β-胡蘿蔔素值，來瞭解來自植物中維生素A的生物可獲率指標。結果發現，生食不經處理的植物性食物，β-胡蘿蔔素生

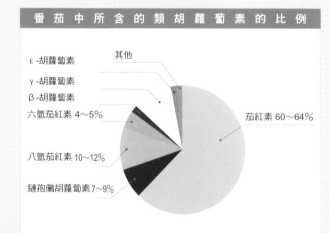

番 茄 中 所 含 的 類 胡 蘿 蔔 素 的 比 例

ε-胡蘿蔔素
γ-胡蘿蔔素
β-胡蘿蔔素
六氫茄紅素 4～5%
八氫茄紅素 10～12%
鏈孢黴胡蘿蔔素 7～9%
其他
茄紅素 60～64%

番 茄 中 所 含 的 類 胡 蘿 蔔 素 的 比 例

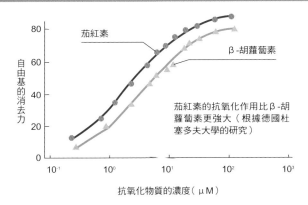

茄紅素

β-胡蘿蔔素

自由基的消去力

茄紅素的抗氧化作用比β-胡蘿蔔素更強大（根據德國杜塞多夫大學的研究）

抗氧化物質的濃度（μM）

物可獲率低於1/3。實驗中以健康成年人為受試者，將紅蘿蔔分別以打汁、生吃方式來測試其血清中β-胡蘿蔔素值，結果分別為45％（打汁）、26％（生吃），所以，以胡蘿蔔這個食材來說，不烹調時以胡蘿蔔汁為攝取方式會比生吃有效率。

● 避免食材脂肪酸敗與蔬果枯黃脫水

　　富含類胡蘿蔔素的蔬果，烹調加熱時流失很少，甚至因為加熱可以破壞細胞結構，反而可以增加其吸收利用率。

　　但當食材有脂肪酸敗的現象時，會強烈破壞維生素A，使維生素A含量快速下降。另外，若蔬果保存不好，呈現枯

烹 調 所 造 成 維 生 素 的 流 失		
維生素	減少率	備註
A	20～30%	高溫時，短時間加熱即可。
B1	30～50%	泡水或用水沖洗會造成流失，也會煮溶至煮汁中。
B2	25～30%	適合加熱調理。
C	50～60%	易溶出於煮液中。

黃、脫水時，維生素A也會流失很多。所以，選取食材的關鍵在於選擇沒有遭受酸化腐敗的動物性食物，及還未受損、產生枯黃脫水的新鮮蔬果，才能有效率的攝取維生素A。

影響維生素 *A* 吸收的物質

與維生素A速配的營養素

維生素均互相支援，且彼此需要。維生素A於體內進行同化作用時，需要維生素B群、維生素C、D、E共同作用，而其他的營養素也與維生素A有關係密切。

● 脂肪

脂溶性維生素與食物中的脂肪一起吃，吸收率會增加。若單獨補充未搭配任何油脂，無法被吸收利用。日本聖德大學醫學博士中鳩洋子、蒲原聖可的著作中提到：胡蘿蔔的烹調方法不同時，呈現不同的吸收率，以生食、搗泥、鹽煮、油炒方式烹調，吸收率分別為10％、21％、47％、80％，油脂很明顯地能提高β-胡蘿蔔素的吸收率。

● 蛋白質

維生素A需要蛋白質運送，才能送達全身。維生素A被吸收進入肝臟後與蛋白質結合成複合物，經由血液循環系統，運至所需的器官以提供細胞使用。

視網醇（維生素A）需與視紫蛋白結合，才能完成視紫循環，使大腦能在陰暗的環境中辨別光線明暗，產生視覺。

● 維生素B群

維生素B群參與身體的各種生理代謝，包含氨基酸、脂肪的合成，間接協助維生素A的運作。

● 維生素C

維生素A、C、E均為很好的抗氧化劑，同時有強大預防感冒的效果，對於抗老、去斑、美白均扮演重要角色，彼此互補，維生素A缺乏將導致維生素C流失。

● 維生素D

維生素D幫助維生素A吸收，因維生素D協助鈣質吸收，而鈣可與維生素A，共同承擔骨骼牙齒發育的重責大任。

● 維生素E

維生素E協助留住維生素A，並一起擔任體內抗氧化、抵抗自由基的角色。

●鈣

鈣與磷製造健康的骨骼與牙齒，鈣與鎂維持心臟與血管健康。維生素A對骨骼牙齒的生長有決定性的影響，也是心臟、血管細胞的守護者，故鈣與維生素A是維護骨質及保護心臟的好搭擋。

●磷

維生素A對器官（如：肝、心、脾、腦等）的粒腺體有不同程度的影響，當缺乏或過多時，各器官細胞的細胞膜會呈現不穩定狀態，引起氧化磷酸化不正常。而磷的供應不正常，也影響氧化磷酸化步驟，影響維生素A的需求。磷也影響維生素D與鈣的吸收，維生素D與鈣均與維生素A具相輔相成的作用。

●鋅

鋅缺乏使視網醇結合蛋白（retinol-binding protein，RBP）合成減少，維生素A無法被送到全身器官，也使儲存在肝臟中的維生素A的酵素活性降低，無法將儲存的維生素A分解利用。

●鐵

鐵與維生素A並存結合時，比單獨只補充鐵質或蛋白質，對於小孩及孕產婦的缺鐵性貧血，有更好的治療效果。

干擾維生素A吸收、利用的藥物

●降膽固醇藥物

膽固醇經肝臟生成膽鹽，膽鹽協助維生素A先質於小腸黏膜形成維生素A，維生素A進入肝臟與蛋白質結合，或運送到全身各細胞以供利用，或儲存於肝臟。故膽固醇因藥物使用而降低時，也會讓膽鹽的生成量降低，進而干擾維生素A的吸收。

●輕瀉劑、制酸劑

輕瀉劑和制酸劑會妨礙鈣與磷的吸收，而鈣與磷可協助維生素A發揮其生理功效。使用輕瀉劑時，身體也會伴隨輕瀉作用流失大量包括維生素A、D、E、K等脂溶性維生素。

●感冒藥、止痛劑

這兩種藥會降低血液中維生素A的含量。而維生素A扮演恢復黏膜細胞健康的重要角色，因此吃感冒藥時也要增加維生素A的攝取量，否則因感冒藥導致維生素A缺乏時，卻剛好提供細菌繁殖的好環境，使得吃藥反而延後感冒痊癒的時間。

Easy cooking

維生素A
優質食譜

縈繞著食物的味道，是甜美與溫馨的氣味。

8種食材，16道簡易食譜，讓你保有神采飛揚的晶亮雙眸，讓不同年齡、不同身分的老、中、青三代都健康。

- 川七
- 胡蘿蔔
- 空心菜
- 波菜
- 南瓜
- 番茄
- 黑豆
- 哈密瓜

維生素 A
*Easy
cooking*

川七 ▪ 3340.8RE/100g

食材簡介 川七學名為藤三七(Madeira-Vine)，為洛葵科(Basellaceae)洛葵屬之多年生蔓性植物，原產巴西，引進國內後，於陽明山、新店、雲林、嘉義等地被廣泛栽種，盛產期為早春及秋冬時節。

川七的食用以葉片為主，葉子很像心臟，葉片肥厚、光滑、葉柄短；根據食品工業研究所分析得知，葉片營養成分維生素A含量高，每100公克即含有5644 I.U.,除此之外，川七也含有維生素B1、B2、C、鉀、鈣、鐵、磷、菸鹼酸等營養素，研究報告指出，川七具有治療習慣性便秘的功效。

營養師小叮嚀：川七採收後，以塑膠袋5℃低溫儲藏，可保存7~10天。在市場選購時，以葉片大而肥厚，深綠無病斑者為佳。

護眼維生素
Ⓐ

①川七小魚乾

②枸杞川七羹

- ■ **材料**：小魚乾10克、紅辣椒5克、蒜頭5克、川七 120克、沙拉油1大匙。
- ■ **調味料**：鹽1/4小匙。
- ■ **做法**：
1. 小魚乾過油備用；紅辣椒洗淨切片；蒜頭切片。
2. 川七洗淨入熱水中川燙，入炒鍋以蒜頭、辣椒爆香，以大火快炒並調味，盛盤後灑上小魚乾即可。

- ■ **材料**：川七80克、麻油2小匙、薑絲5克、高湯 150C.C、枸杞10克、太白粉8克。
- ■ **調味料**：鹽巴1小匙。
- ■ **做法**：
1. 川七洗淨川燙備用。
2. 起鍋倒入麻油及薑絲爆香，加入高湯燒開，再加入川七及枸杞，待湯滾勾芡即可。

Easy cooking 川七食譜

空心菜

■ 378.3RE/100g

食材簡介 空心菜學名為蕹菜，屬於旋花科植物，是春夏時節主要的蔬菜，它的生命力極強，水、陸皆可種植。

中醫認為，空心菜味甘性微寒，有清熱解毒、涼血利尿的作用。從營養學的角度來看，空心菜除了富含維生素A之外，還含有多種礦物質及維生素B、C、纖維素等。纖維素能加速腸蠕動，促進體內毒素及有毒物質的排泄。空心菜的葉綠素也有「綠色精靈」的雅稱，有健美皮膚、潔齒防齲之功效，但葉綠素在烹煮加熱的過程，容易變成鈍鈍的深橄欖綠，原因是在烹煮的過程或酸性環境下，葉綠素中的鎂離子被氫離子取代，「脫鎂反應」，使得鮮豔的綠色被改變。

營養師小叮嚀：要避免青菜變黃，烹調時以快炒不加蓋的方式，使有機酸揮發，或川燙，減少酸(氫離子)含量。

① 蝦醬空心菜

② 羊肉空心菜

- ■材料：空心菜150克、蒜頭5克、沙拉油2小匙。
- ■調味料：蝦醬10克、糖5克。
- ■做法：
1. 空心菜洗淨去根部，切4公分段。
2. 起油鍋入蒜頭爆香，續放入空心菜炒至半熟，加入調味料、少許水，炒熟即可盛盤。

- ■材料：空心菜80克、辣椒5克、蒜頭3克、薑少許、羊肉片60克、蔥5克。
- ■調味料：沙拉油5大匙、鹽巴1/4小匙、沙茶醬10克。
- ■做法：
1. 空心菜洗淨切段，辣椒洗淨切片，蒜頭切片，薑、蔥切細末。
2. 5大匙油燒熱，放入羊肉片過油後撈起，留1大匙油，爆香蒜頭、薑、蔥、辣椒，放入羊肉片、空心菜大火快炒至熟，再加入鹽、沙茶醬調味即可。

Easy cooking 空心菜食譜

護眼維生素

Ⓐ

南瓜 ▇ 874.2RE/100g

食材簡介 南瓜又名金瓜，是一年生葫蘆科草本植物，盛產期為初秋。

中醫認為，南瓜有補中益氣、消炎止痛、解毒殺蟲的功效。南瓜營養豐富，果肉富含β-胡蘿蔔素及維生素B、C及鐵、鉀、鎂、磷等多種礦物質。β-胡蘿蔔素與維生素C一起搭配，可於體內合成防癌物質，增加免疫力，俗語說：「冬至吃南瓜，就不會感冒」，就是這個意思。另外，南瓜籽裡含有β-穀脂醇及葫蘆素，能減緩異常細胞增生，也可以降低膽固醇，減低攝護腺癌的罹患機率。

營養師小叮嚀：南瓜外皮的營養價值高於果肉部分，烹調時最好連同外皮一起烹調；棉絮中的β-胡蘿蔔素含量為果肉的5倍，可以趁鮮運用於湯汁料理中。

①金瓜米粉

②黃金南瓜湯

- **材料**：米粉80克、金勾蝦3克、乾香菇3克、洋蔥30克、南瓜100克、蔥1克、肉絲40克。
- **調味料**：太白粉1大匙、醬油1小匙、沙拉油2小匙、鹽巴1小匙、胡椒粉少許。
- **做法**：
1. 米粉、金勾蝦、乾香菇泡水，洋蔥去皮切絲，南瓜洗淨去皮刨絲，蔥洗淨切末，肉絲加入太白粉及醬油略醃。
2. 起油鍋入金勾蝦、洋蔥及香菇爆香，續入肉絲及南瓜拌炒，加3杯水煮滾後調味，再入米粉，等汁收乾，起鍋後灑上蔥花。

- **材料**：南瓜150克、紅蘿蔔10克、馬鈴薯30克、洋蔥10克、西芹10克、雞骨頭2付、巴西利末。
- **調味料**：鹽1/2小匙、白胡椒粉少許、鮮奶油15克。
- **做法**：
1. 南瓜、紅蘿蔔、馬鈴薯洗淨去皮切塊，洋蔥洗淨去皮切小丁、西芹去葉洗淨切塊。
2. 南瓜、紅蘿蔔、馬鈴薯、洋蔥、雞骨頭加水熬煮半小時，撈出雞骨頭，稍冷卻後，入果汁機打成濃湯。
3. 將濃湯倒回鍋中，加入鹽、白胡椒粉，以小火煮至滾，盛碗後加入鮮奶油及巴西利末。

Easy cooking 南瓜食譜

黑豆 ▪ 341.4RE/100g

食材簡介 吃過日本料理的人，很難忘記那一盤如珍珠般的蜜黑豆滋味。食品專家研究表示，黑色食物含有人體需要的多種胺基酸、鐵、鈣、錳、鋅等微量元素，經常食用可提高人體血色素及血紅蛋白含量。

中醫認為，黑豆為入腎之穀，健脾利水、消腫下氣，滋腎陰、潤肺燥，治風熱活血解毒、止盜汗，黑髮及延年益壽的功能。現代營養學則說明，黑豆含蛋白質、脂肪、碳水化合物及胡蘿蔔素、維生素B、煙酸等，黑豆所含的油脂以不飽和脂肪酸為主，可促進膽固醇的代謝；降低血脂；黑豆也含有異黃酮素、花青素等抗氧化成分，為藥食兩用的佳品。

營養師小叮嚀：整顆生黑豆是很難被消化吸收的，生黑豆的寡糖易造成脹氣，腸胃不好的人，生硬的黑豆反而容易造成腸阻塞，建議大家還是食用熟食。

1 黑豆漿

2 黑豆煎

■**材料**：黑豆40克、砂糖20克、水300C.C。

■**做法**：

1.黑豆洗淨，泡水4小時，取出瀝乾。

2.泡發黑豆加300C.C的水研磨成豆漿，去渣後，加糖煮沸即可。

■**材料**：麵粉110克、香油2小匙、黑豆渣20克、蔥花30克、沙拉油1小匙。

■**調味料**：鹽1小匙、胡椒粉少許、五香粉少許。

■**做法**：

1.麵粉加水拌勻，揉成麵糰，靜置15分鐘。

2.將麵糰擀開成大方形抹上香油，灑上豆渣、蔥花及調味料後，將麵皮捲成條狀，再平繞成漩窩狀，靜置15分鐘，擀開成餅。

3.起鍋加少許油，放入豆渣餅，小火慢煎至金黃酥脆，即可起鍋。

Easy cooking 黑豆食譜

胡蘿蔔　■ 9980RE/100g

食材簡介 胡蘿蔔，草本植物，一年四季都有生產，盛產期為冬季，常被稱之為「人參」，因其營養成分豐富，如人參般高貴。世界癌症基金會研究發現，胡蘿蔔與綠色蔬菜、番茄及十字花科植物同為名列前矛的抗癌食物。胡蘿蔔含有豐富的胡蘿蔔素，在高溫下也很少被破壞，容易被人體吸收轉成維生素A，維持視覺並保護皮膜的健康。胡蘿蔔素也可以獨立作用，發揮抗氧化的功能。

胡蘿蔔最適合的烹調方式是油炒，因為 β-胡蘿蔔素是脂溶性維生素，和油脂一起烹煮，吸收才會加分。胡蘿蔔色彩鮮豔，是極佳的配菜，善用胡蘿蔔配色，可讓菜餚增色，增加食慾，也可增加菜餚體積，減少肉類攝取。

營養師小叮嚀：存放胡蘿蔔前，記得切除有綠葉的頂端，否則這綠葉會吸收胡蘿蔔的水分，造成胡蘿蔔枯萎。

護眼維生素

Ⓐ

53

① 沙拉棒

② 胡蘿蔔糕

■材料：紅蘿蔔40克、西芹40克、小黃瓜40克。
■醬汁：芥末子醬18克、美乃滋45克。
■做法：
1.醬汁調勻。
2.紅蘿蔔洗淨削皮切成長條狀，西芹，小黃瓜洗淨切成長條狀。
3.浸冰水約5分鐘，放入冰箱內冷藏，食用前取出沾醬汁即可。

■材料：胡蘿蔔70克、水130克、糯米粉220克、玻璃紙1張。
■調味料：糖45克。
■做法：
1.胡蘿蔔洗淨去皮切小丁，加水及糖放入果汁機打成泥狀，倒入盆中，續入糯米粉，揉成麵糰。
2.取一模型，鋪上玻璃紙，放入麵糰。
3.起蒸籠，水滾後，放入胡蘿蔔糕，蒸15分鐘，取出待涼，切塊即可。
■小叮嚀：胡蘿蔔糕在蒸的過程中，會漲發，所以約擺入模型7分滿為佳。

Easy cooking 胡蘿蔔食譜

菠菜

▇ 638.3RE/100g

食材簡介 菠菜原名"菠薐菜",因其當中的"薐"難認不方便,才簡化成兩個字,為藜科草本植物,盛產期為冬、春兩季。中醫認為菠菜味甘、性涼,有養血、止血、斂陰、潤燥等功效。

大力水手卜派吃過菠菜後,馬上變得強而有力,主要是因為菠菜含有豐富鐵質、β-胡蘿蔔素、維生素B1、B2、B6、C及錳,可用來增加體力。菠菜是黃橙色類胡蘿蔔素(葉黃素)最豐富的來源,而葉黃素是眼睛最主要的抗氧化劑之一。

營養師小叮嚀: 波菜內含有會出現澀汁的草酸,可用熱水川燙,再以流水沖洗澀汁。此外大家都擔心攝取波菜會造成結石,然而這是要一天攝取數公斤的波菜才有可能,如果只是攝取一般的量,不需太過擔心。

① 和風菠菜

② 翡翠炒飯

■ **材料**：菠菜100克、白芝麻少許、柴魚片少許。

■ **柴魚醬汁**：醬油1小匙、糖1/2小匙、柴魚片10克。

■ **做法**：

1. 將柴魚醬汁加少許的水入鍋熬煮約10分鐘，瀝掉柴魚，醬汁備用。

2. 菠菜洗淨入沸水川燙，取出瀝乾水分後切成4段，排盤，淋上柴魚醬汁，灑上柴魚片及芝麻。

■ **材料**：菠菜40克、洋蔥15克、紅椒20克、雞蛋60克、絞肉30克、白飯200克。

■ **調味料**：沙拉油1大匙、鹽1小匙、白胡椒粉少許。

■ **做法**：

1. 菠菜洗淨川燙切成細末，洋蔥去皮切細末、紅椒洗淨切細末。

2. 起油鍋入洋蔥、雞蛋炒至略變黃色，再入絞肉拌炒，續加入白飯、菠菜、紅椒拌炒調味，即可起鍋排盤。

Easy cooking 菠菜食譜

番茄 ■ 716.7RE/100g

食材簡介 近年來，琳琅滿目的番茄飲品，擺滿了超市及便利商店貨架，因為含有抗癌的番茄紅素（lycopene），使得番茄汁成為飲料界的當紅炸子雞。茄紅素是相當特殊的色素，它屬於類胡蘿蔔家族，不過它與β-胡蘿蔔素不同，茄紅素不會轉變成為維生素A，這表示有更多的茄紅素可作為抗氧化劑。番茄屬茄科植物，原產地美國，剛開始作為鑑賞用途，直到16世紀，歐洲才開始盛行吃它，現在一年四季都可在超市購買到溫室栽培的番茄，盛產期在夏季，選購時要選圓形、帶沉重感且果蒂成鮮綠色的新鮮番茄。本土的黑柿番茄，特有的酸味適合做番茄炒蛋，也可當成水果，切塊沾醬油、糖及薑汁，相當美味。

營養師小叮嚀： 購買番茄汁前一定要增大眼睛，消基會建議，消費者應以「一多二少」為選購原則，先看茄紅素標示，越高越好)；其次要求鈉及熱量，越低越好。

① 梅漬番茄

② 番茄海鮮球

- ■ **材料**：番茄300克。
- ■ **調味料**：棉糖50克、紫蘇梅(含汁)30克、乾話梅15克、工研白醋30克。
- ■ **做法**：
1. 番茄洗淨切塊狀。
2. 將調味料混合，加入番茄，然後入冰箱靜置1天，食用前取出排盤。

- ■ **材料**：番茄100克、洋蔥15克、九層塔5克、草蝦120克、青豆3克、橄欖油2小匙、芝士粉少許。
- ■ **調味料**：鹽1/2小匙、糖1小匙、番茄糊1小匙、胡椒少許。
- ■ **做法**：
1. 番茄由上方1/4處切開，挖出果肉；洋蔥切末、九層塔切絲；草蝦川燙至熟，去殼去腸泥後切丁。
2. 起鍋用橄欖油爆香洋蔥，續下蝦仁、青豆仁、調味料炒熟，填入番茄球中，灑上九層塔絲。
3. 將番茄球移入烤箱以220℃烤8分鐘，取出盛盤，食用前灑上芝士粉，放上九層塔。

Easy cooking 番茄食譜

哈密瓜

566.7RE/100g

食材簡介 哈密瓜原產地於中東、中亞地區，古稱甜瓜、甘瓜，品種琳瑯滿目，主要分為網紋及無網紋兩大類，本草綱目中有記載：甜瓜「止渴、除煩熱、利小便、通三焦壅塞氣、治口鼻瘡、暑日食之永不中暑」。現代營養學觀點，哈密瓜含β-胡蘿蔔素及維生素C，兩者結合是對抗心臟疾病和癌症的強效利器；哈密瓜含有大量的鉀，有助於血壓的維持，但腎臟功能不佳的病患，必須小心攝取。

目前全年市場上皆可購買到哈密瓜，主要產季大都集中在春、秋兩季。選購時可以選購中型、具重量感、清楚且平均的網紋分布為佳，保存時置於低溫通風處即可。

營養 師小叮嚀：哈密瓜的棉絮部分也含有β-胡蘿蔔素，所以食用時，不要將棉絮剔得太乾淨。

①哈密瓜彩色球

②哈密瓜冷肉

■ **材料**：黃肉哈密瓜200克、綠肉哈密瓜200克。

■ **醬汁**：原味優格1/2罐、美奶滋30克。

■ **做法**：

1. 將哈蜜瓜挖成球狀，無法成形的留著備用，果皮留用當容器。

2. 醬汁加入無成形的哈密瓜，入果汁機攪打均勻。

3. 哈密瓜球裝入容器內，食用前淋上醬汁。

■ **材料**：哈密瓜100克、義式冷肉2片(約10克)。

■ **做法**：

1. 哈密瓜去皮去籽切塊。

2. 冷肉切片(可覆蓋哈密瓜塊大小)。

3. 將冷肉置於哈密瓜上方即可。

■ **小叮嚀**：冷肉內含鹽分，會使哈密瓜出水，所以食用前製作最佳。

Easy cooking 哈密瓜食譜

護眼維生素

Ⓐ

市售維生素A補充品

Supplement **A**

市售維生素A的補充品有那些？選購時要注意什麼？吃天然食物和補充劑效果一樣嗎？

買回來了，要如何保存？如何吃才最安全？

- 選購市售維生素**A**補充品小常識
- 常見市售維生素**A**補充品介紹

維生素 A
Supplement

選購市售維生素A補充品小常識

Q1 市面上維生素A的補充劑有哪些？

市面上與維生素A相關補充品，包括：維生素A、β-胡蘿蔔素、番茄紅素、葉黃素、A酸等。

以往，大部分的維生素A補充品不是單獨的商品，而是和各種維生素、礦物質合成的補充劑，以綜合維生素的方式呈現，就算最常吃的維生素A補充品－魚肝油，也都會加上維生素D，來協助吸收。不過，因醫藥科技的發達，天然食物萃取營養素的技術更進步，所以，現在也出現包含葉黃素、β-胡蘿蔔素等維生素A先質的萃取物製成的錠劑。

另外，也可以常在很多皮膚的保養品上看到維生素A及A酸的添加，以塗抹的型式在坊間流行。

Q2 吃維生素A補充劑和由食物攝取維生素A效果一樣嗎？

維生素的補充劑，並不能完全取代由食物攝取的維生素，只是補充其份量的不足。

因為由食物攝取維生素時，也伴隨吃入其他營養成分，這些成分在體內的消化、吸收系統中，產生很巧妙的交互作用，讓各種營養物質的吸收、運用更為平衡。

其次，比較合成製劑與天然萃取物的效果後，有些研究顯示由天然食物萃取出的維生素的功效確實比以化學合成技術製成的維生素功效好，但需注意的是，有些產品冠上「天然」兩字，常常只是製劑合成過程中加入某些植物萃取物，是否這樣就有「天然」效果，有待商榷。

不過因為維生素A大多是由動物肝臟等純化而來，較無上述問題。孕婦與成長中小孩可定期補充，有脂肪代謝異常者也要注意是否有維生素A不足的狀況。

Q3 補充多少才安全？

維生素不足時需要補充，但絕對不是吃越多越好。

目前市售的維生素A每錠含量約為3,000～6,000I.U.，相當於900～1800μgRE，而根據民國九十一年行政院衛生署公布的國人成人維生素A每日建議量（RDA）應為男性600μg，女性500μg，故建議維生素A補充劑可以2～3天吃一粒即可。

每日維生素A（視網醇）的攝取超過30,000μg，數月後即造成毒性，最近也將維生素A的衍生物A酸做成膠囊，做為防皺、治面皰、抗老化的聖品，但是維生素A酸也是引起胎兒畸形的藥物，如果服用高於10,000單位的維生素A酸，造成胎兒畸形的機率會增加4～5倍，而市面上要買到2,500單位以上的營養補充劑並不難，所以在服用時一定要小心。

若很難控制補充量，可以用β-胡蘿蔔素補充維生素A，較不會有中毒之虞，並且過量時可由手心皮膚變黃察覺到，是較為安全的補充方式。

Q4 維生素A怎麼保存？

維生素A在酸和鹼的環境都很安定，但在有氧的環境易遭光的破壞，所以，魚肝油或富含維生素A的產品，如：牛奶等，均應置於陰涼、乾燥、無光照的環境，外包裝使用不透明容器，防光線照射，就能夠保存較久些。

開罐後將開罐日期標示於罐上，方便藥品品質管理。開封後保留罐內的海綿與塑膠紙，蓋子旋緊，減少產品與空氣、濕氣接觸機會。並且將補充劑放於小朋友無法取用之處，以免誤食。

Q5 選購維生素補充劑要注意些什麼？

一、先選廠牌：

因為廠牌很多，良莠不齊，最安全的方法的就是選擇比較大的廠牌。小的廠牌則選擇上市超過一年以上，由專業研究機構正式認證的廠家，才能確保安全。

二、注意標示：

市售維生素補充品分為食品與藥品兩大類，以劑量大小做為分界，可分為處方藥、指示藥和食品三級。若登記為食品則不可宣稱藥效；登記為藥品則需要按醫師指示服用，以免劑量過大造成危害。另外，外國進口的補充品會於包裝上標上「衛署藥輸字第××××號」，國內產品則標上「衛署藥製字第×××
×號」。

三、服務電話：

購買的維生素產品最好能很容易找到回答商品問題的人，所以到有藥劑師的藥局，或產品上有服務電話的廠牌，才比較有保障。

四、買小瓶裝：

維生素製劑也有保存期限，買太大罐常常無法在期限內吃完；或因保存不佳提前敗壞無法食用，造成金錢浪費；或為趕上期限而攝取過量，得不償失。購買時一定要衡量需求狀況，決定要買的分量。

Q6 維生素A補充劑何時吃比較恰當？

不同維生素應依其特性於適當的時機補充，才能提高吸收效率。各種維生素最好的補充方式就是一天三餐中平均進食，低劑量分散補充是最好的方式，除了可適時提供身體的需要，達到該維生素最高生理效能，也可避免短時間時食用過量，防止急性中毒。

但需要維生素補充品的人常常也是忙碌的人，即使有心也常常錯失時間。

因此，雖然維生素A為脂溶性維生素，建議飯後食用，但當天有吃總比因錯失時間乾脆不吃要好一點。如果一天內所有的維生素補充品（或綜合維生素），只能選擇在同一時間服用，建議可選在一天裡食量最大的那一餐飯後服用（多半為午餐或晚餐）。

Q7 維生素補充劑能和藥物一起吃嗎？

維生素與藥物可能出現交互作用，這作用可能是正面也可能是負面，所以建議在不明狀況前不要冒險，最好與服藥至少有半小時的間隔。但有些年長者或病友，一天有很多藥物或補充劑要服用，無法一一間隔出時間。或因記性不好，不一起吃就忘記吃，有這些情況時，至少要把絕對不能一起吃藥物和補充品的種類弄清楚，不該一起服用的一定要避免。

即使不是禁止同時進食的品項，也應在服用初期先減少維生素製劑的服用量，隨時注意是否有不適症狀產生，如果沒有異狀，再慢慢加到正常的劑量。

服用藥物及維生素補充品時盡量以白開水搭配，不要用酒、咖啡、牛奶、感冒糖漿、運動飲料等飲料替代開水。

Q8 如果維生素氣味難聞就表示壞掉了嗎？對人體有害嗎？

當然，任何的東西有不同於平常的味道時，懷疑食物是否變質是合理的；但維生素如果有強烈的臭味不一定代表變壞，不能食用了。我們可以由維生素

當時存放的環境來判斷，如果維生素存放於高溫、溫暖、太陽直射的地方，當然可以肯定是變壞了。幸好，一般維生素即使變壞了，只是失去原有效用而已，不致於造成身體的危害。

Q9 如果裝維生素的瓶子_有酒精的味道，代表維生素已經變質不能食用了嗎？繼續服用是否安全？

首先，還是應檢查原本的儲存環境與保存日期，如果都沒問題，酒精味道的來源，就可能是來自包裝本身，因為酒精常被當作防潮劑來使用，當成品包裝太快，酒精氣味來不及揮發，就會殘留酒精味在罐子。

有一個偷取古人智慧的去除異味小偏方，就是將一般的白米，丟幾顆在罐子內，就可以有吸收水分（濕氣）及異味的效果了，不妨試試看。

Q10 有時在營養補充品中，除了維生素，還有其他成分，這些東西安全嗎？為什麼需要添加？

做為營養補充品的維生素，確實並不單純只有營養素，還有許多添加劑，

有時候，這些添加劑並不會主動標示在成分或包裝上，他們大部分扮演的角色是填充劑、結合劑、潤滑劑等。因此，以後若看到下列物質的名稱，可以不必太擔心。

●填充劑或稀釋劑

這些非活性的物質被加入錠劑中，主要功能是加入後使被壓縮的維生素，可增加其容積。如：一種由礦石中去除雜質後所得到的白色粉末，稱為二磷酸鈣（dicalium phosphate），其中含有豐富的鈣與磷，被使用在優質的維生素中。另外，己六醇（sorbital）或植物纖維素，也常被使用。

●結合劑

可以使粉末的物質具有黏著力，這種結合劑也是整個錠劑的成分之一。最常使用的是纖維素和乙基纖維素（ethyl cellulose）。

其他需注意的凝固劑還包括：阿拉伯膠（acacia，gum arabic）是一種樹脂，需要注意得是，阿拉伯膠可能引起輕微或嚴重的氣喘，也可能造成氣喘病患、孕婦及任何有過敏體質的人起疹子，所以需小心食用。

另一個常用的結合劑，稱為藻膠（algin , alginic acid or sodium alginate），是一種由海草取得的碳水化合物，但它有一些潛在的傷害，研究發現，藻膠可能是一種引起遺傳突變的物質，導致生育困難及畸形兒。準備懷孕、已經懷孕或預備授乳的媽媽，最好避免食用以藻膠當結合劑的營養補充品。

● 潤滑劑

防止錠劑黏著在機器上而添加的物質。一般常見的物質為硬脂酸鈣（calcium stearate）和二氧化矽（silica）。

● 分解劑

可促進錠劑被攝取後加速分解。如：阿拉伯膠、藻膠酸鹽等物質。

● 色素

為了使錠劑更好看，如葉綠素是取至天然的色素。

● 調味料和甘味劑

用於可嚼碎服用的錠劑上。常使用的是果糖、麥芽糖糊精（malt dextrins）、己六醇、麥芽等。

● 包衣劑

可防止錠劑受潮，而且包住令人不舒服或厭惡的氣味，使更容易服用。常用的包衣劑有：玉米蛋白（zein）做成的天然透明包衣劑或是由椰子樹取得的巴西棕櫚蠟（Brazil Wax）。

● 乾燥劑

是具有吸水性物質，可以吸收包裝中的濕氣、水氣。如：矽膠（silica gel）。

Q11 如果發現錠丸裂開了，還可以繼續服用嗎？

錠丸裂開大部分是因為包裝不良，才產生龜裂問題，而丸劑本身應還是有效安全的。主要還是確定有效期限與儲藏環境做為判斷。

Q12 如果維生素補充品有膠囊又有錠丸包裝，應該如何選擇？

其實膠囊與錠劑各有利弊，對吞嚥不拿手的人，也許會覺得選擇膠囊比較合適，因為一般來說，膠囊較易吞嚥，且溶解速度較快，大部分處方用藥，多使用膠囊，感覺起來較有安全感。

認為錠劑優於膠囊的人，則覺得錠劑通常比膠囊便宜，而且錠劑對維生素較具保護作用，可避免其被氧化。當然

這個理由並不屬實，其實膠囊依然對維生素補充品有保護作用，只是使用的填充物與黏著劑不同。

所以，該選哪一種包裝方式，應取決於您是不是素食者，因為膠囊是由動物膠製造，而錠劑較可能完全由植物製造，當然有些錠劑還是不完全由植物製造，如有這方面的疑問，應直接詢問生產的廠商，可以獲得明確的答案。

Q13 什麼是長效型的維生素？

通常維生素攝取進入體內後，會馬上被分解吸收，特別是水溶性的維生素，被人體儲存，消化後會立刻進入到血液中，若未立即用掉，在2-3小時後，就會隨尿液排出體外。

目前出現的長效型（Time Release）維生素，是指經過一段時間後才被消化的補充品，新的製作方式是將維生素包在很小的藥丸中，藥丸外殼經過一段時間才被溶解，而且和特別的混合基劑一起混合，經6-12小時，才能被消化，延長維生素在體內的時間，使其慢慢被利用。

Q14 藥品及食品維生素如何區別？

首先有關藥品及食品維生素限量，可參閱行政院衛署所公布含維生素產品認定基準表（可參閱：行政院衛生署 http://www.doh.gov.tw/ufile/Doc/維生素產品認定基準表.doc）。另外為方便民眾購買，衛生署於90年10月19日公告修訂前述公告「每日用量得不以藥品列管之上限」草案，以提高藥品列管之維生素限量，使更多維生素產品不再以藥品列管。所以目前維生素A的劑量如下：

藥品可宣稱療效，食品不得宣稱療效。以食品名義販售之維生素產品，其廣告及標示均不得宣稱藥品效能。食品

指示藥 每日用量上限	10,000 IU
每日用量標準	大人 9750 IU 嬰兒 4500 IU
備註	產品所含上列項目未超過每日用量標準者,亦得以食品管理,惟不得宣稱療效。
成分	Dry formed Vit A Vitmin A oil Vitamin A fatty acid ester, in oil

包括膠囊狀、錠狀食品中添加維生素或礦物質，其成分及限量應符合「食品添加物使用範圍及限量」第（八）類營養

添加劑使用規定（可參閱：食品資訊網 http://food.doh.gov.tw/chinese/ruler/ingr dient_standard_4.htm或行政院衛生署 http://www.doh.gov.tw/ufile/doc/第（八） 類　營養添加劑9303.doc）。其中相關於 維生素A（包含維生素A粉末 itamin A dry form、維生素A油溶液 Vitamin A Oil、維生素A脂肪酸酯油溶液 Vitamin A Fatty Acid Ester，in Oil）的規定如下：

● **使用食品範圍及限量：**

一、形態屬膠囊狀、錠狀且標示有每日 食用限量之食品，在每日食用量 中，其維生素A之總含量不得高於 10000I.U.（3000μg R.E.）。

二、其他一般食品，在每日食用量或每 300g食品（未標示每日食用量者） 中，其維生素A之總含量不得高於 1050μg R.E.。

三、嬰兒（輔助）食品，在每日食用量 或每300g食品（未標示每日食用量 者）中，其維生素A之總含量不得高 於600μg R.E.。

● **使用限制**

限於補充食品中不足之營養素時使 用。

常見市售維生素 *A* 補充品介紹

菁明膠囊食品　　　　售價／NT550元

■ **商品特性**：挑戰環境污染，本品每顆含6mg天然β胡蘿蔔素，保護您免於受到環境的危害。

■ **適用對象**：每個人
■ **建議用量**：1日1顆
■ **包裝規格**：100mg／瓶
■ **公司**：健安喜、松雪企業股份有限公司
■ **國外原廠**：GNC

■ **注意事項**：
飯後吃較容易吸收。

類別	■維生素A先質																
型態	■軟膠囊																

維生素成分	A	B1	B2	B6	B12	生物素	葉酸	菸鹼酸	泛酸	C	D	E	K	β胡蘿蔔素	膽鹼	肌醇	PABA
														6 mg			
	硼	鈣	鉻	鈷	銅	氟	碘	鐵	鎂	錳	鉬	磷	鉀	硒	鈉	硫	鋅
其他																	

加仕沛-美麗佳人 A 錠　　　售價／NT350元

■ **商品特性**：維生素A及葉黃素（Lutein）皆為一種強力之抗氧化劑。維生素A使眼睛適應光線之變化，並維持在黑暗光線下之視覺。葉黃素（Lutein）與維生素A合併使用可達相輔相成之效。此外，其亦可幫助牙齒和骨骼的生長及發育。

■ **適用對象**：一般人、推薦給注重眼睛健康者
■ **建議用量**：每次1錠，每日3次，於餐後以溫水吞食
■ **包裝規格**：120錠／瓶
■ **公司**：永信藥品工業股份有限公司
■ **國外原廠**：美國Carlsbad Technology Inc.U.S.A.

■ **注意事項**：
請確實遵循每日建議量食用，不需多食。

類別	■維生素A																
型態	■糖衣錠																

維生素成分（每錠）	A	B1	B2	B6	B12	生物素	葉酸	菸鹼酸	泛酸	C	D	E	K	β胡蘿蔔素	膽鹼	肌醇	PABA
	0.25 mg																
	硼	鈣	鉻	鈷	銅	氟	碘	鐵	鎂	錳	鉬	磷	鉀	硒	鈉	硫	鋅
其他	葉黃素　0.5mg																

你滋美得 山桑子　　　　售價／880元

■ **商品特性**：山桑子含一種天然的原花青素，可以促進新陳代謝，調節生理機能，同時幫助健康維持。

■ **適用對象**：1歲以上的兒童常看電腦、電視及公文者、學生、長時間開車族

■ **建議用量**：
　【兒童】每日1～2粒
　【成人】每日3～4粒，分次飯後食用

■ **包裝規格**：90粒／瓶

■ **公司**：景華生技股份有限公司

■ **國外原廠**：Strides INC.

■ **注意事項**：
　1.使用後置於陰涼、乾燥處保存。
　2.使用後請關緊瓶蓋，避免孩童自行取用。

| 類別 | ■營養保健品 |
| 型態 | ■軟膠囊 |

維生素	A	B1	B2	B6	B12	生物素	葉酸	菸鹼酸	泛酸	C	D	E	K	β-胡蘿蔔素	膽鹼	肌醇	PABA
成分（每粒）	80 mg																
	硼	鈣	鉻	鈷	銅	氟	碘	鐵	鎂	錳	鉬	磷	鉀	硒	鈉	硫	鋅

其他　山桑子萃取物（含25%原花青素）

你滋美得 魚肝油球　　　　售價／480元

■ **商品特性**：富含天然的維生素A與D，維生素A使眼睛適應光線變化，維持皮膚健康，維生素D幫助牙齒及骨骼生長發育，促進鈣與磷的吸收。

■ **適用對象**：1歲以上的兒童、經常看電腦及電視者、注重皮膚保養者

■ **建議用量**：
　【保健】每日1～2粒
　【改善】每日3～4粒（分次飯後食用）

■ **包裝規格**：300粒／瓶（買一送一）

■ **公司**：景華生技股份有限公司

■ **國外原廠**：Strides INC.

■ **注意事項**：
　1.置於陰涼、乾燥處保存。
　2.請關緊瓶蓋，避免孩童自行取用。

| 類別 | ■營養保健品 |
| 型態 | ■軟膠囊 |

維生素	A	B1	B2	B6	B12	生物素	葉酸	菸鹼酸	泛酸	C	D	E	K	β-胡蘿蔔素	膽鹼	肌醇	PABA
成分（每粒）	750 IU										75 IU						
	硼	鈣	鉻	鈷	銅	氟	碘	鐵	鎂	錳	鉬	磷	鉀	硒	鈉	硫	鋅

其他　鱈魚肝油（300mg）

你滋美得 愛光

售價／1200元

■ **商品特性**：本品主要成分lutein來自美國Kemin Food, L.C,擁有18國製造專利萃取優質葉黃素。

■ **適用對象**：長時間閱讀、看電視及電腦者、文書業務繁忙者、學生族、銀髮族
■ **建議用量**：
【保健】每日1錠
【改善】每日2錠(分次飯後食用)
■ **包裝規格**：60粒／瓶
■ **公司**：景華生技股份有限公司
■ **國外原廠**：Best Formulations

■ **注意事項**：
1.置於陰涼、乾燥處保存。
2.請關緊瓶蓋，避免孩童自行取用。

| 類別 | ■營養保健品 | | | | | | | | | | | | | | | | | | | | |
| 型態 | ■軟膠囊 | | | | | | | | | | | | | | | | | | | | |

維生素	A	B1	B2	B6	B12	生物素	葉酸	菸鹼酸	泛酸	C	D	E	K	β胡蘿蔔素	膽鹼	肌醇	PABA
成分（每粒）	1000 IU						3.83 mg			57.5 5mg							

	硼	鈣	鉻	鈷	銅	氟	碘	鐵	鎂	錳	鉬	磷	鉀	硒	鈉	硫	鋅
		✓															

其他 琉璃苣油、明亮草、卵磷脂、金盞花萃取（含葉黃素）、鱈魚肝油

你滋美得 乳鐵益兒壯

售價／880元

■ **商品特性**：牛的初乳含高單位球蛋白如：IgG，另添加乳鐵蛋白，可提高幼兒對外在環境適應能力。並結合多種維生素、有益菌、珍珠貝鈣、DHA及果寡糖，提供寶寶最天然的防禦網。

■ **適用對象**：偏食的兒童、無咀嚼能力的年長者及臥床者、欲調整體質者
■ **建議用量**：
沖泡於牛奶或果汁中
【1-3歲】每天3次，每次1/2-1匙
【3歲以上】每天3次，每次2匙
■ **包裝規格**：200gm／瓶
■ **公司**：景華生技股份有限公司
■ **國外原廠**：Best Formulations

■ **注意事項**：
1.置於陰涼、乾燥處保存。
2.請關緊瓶蓋，避免孩童自行取用。

| 類別 | ■營養保健品 | | | | | | | | | | | | | | | | | | | | |
| 型態 | ■粉末 | | | | | | | | | | | | | | | | | | | | |

維生素	A	B1	B2	B6	B12	生物素	葉酸	菸鹼酸	泛酸	C	D	E	K	β胡蘿蔔素	膽鹼	肌醇	PABA
成分（每粒）	4500 IU	10 mg	15 mg	12.4 mg						200 mg	200 IU	21 U				13.5 mg	

	硼	鈣	鉻	鈷	銅	氟	碘	鐵	鎂	錳	鉬	磷	鉀	硒	鈉	硫	鋅
		✓															

其他 有益菌、DHA、啤酒酵母、初乳（免疫球蛋白）、乳鐵蛋白、卵磷脂

你滋美得 益兒壯　　售價/680元

■ **商品特性**：由牛初乳中抽取高單位球蛋白如IgG，並結合多種維生素、有益菌、珍珠貝鈣、DHA及果寡糖，可提高嬰幼兒對環境適應能力，提供嬰幼兒最天然的防禦網。

■ **適用對象**：體質虛弱之嬰幼童，偏食、挑食者、欲調整體質的年長者

■ **建議用量**：
【幼兒6-12個月】一天3次，每次1/2匙，沖泡於牛奶或果汁中使用
【兒童】一天3次，每次1-2匙

■ **包裝規格**：200gm／瓶

■ **公司**：景華生技股份有限公司

■ **國外原廠**：Best Formulations

■ **注意事項**：
使用後請關緊瓶蓋，置於陰涼、乾燥處保存。

類別　■營養保健品
型態　■粉末

維生素成分（每粒）	A	B1	B2	B6	B12	生物素	葉酸	菸鹼酸	泛酸	C	D	E	K	β胡蘿蔔素	膽鹼	肌醇	PABA
	4500 IU	10 mg	15 mg	4 mg						200 mg	200 IU	21 U		13.5			
	硼	鈣	鉻	鈷	銅	氟	碘	鐵	鎂	錳	鉬	磷	鉀	硒	鈉	硫	鋅
		✓															

其他　有益菌、DHA、啤酒酵母、初乳（免疫球蛋白）、卵磷脂

Better Life優質生活 倍維多　　售價/580元

■ **商品特性**：生活忙碌導致營養不均衡嗎？倍維多擁有多種營養補給，可幫助您輕鬆做好健康維持，減少疲勞感，保持您洋溢不絕的活力。更添加茄紅素、螺旋藻、小米草、柑橘類黃酮等複合草本精華，讓您青春永駐。

■ **適用對象**：工作忙碌、飲食攝取不均衡者常感疲倦、體力透支者

■ **建議用量**：
每日1粒於餐後食用

■ **包裝規格**：60錠／瓶

■ **公司**：中化裕民健康事業股份有限公司、中國化學製藥生技研究中心

類別　■營養保健品
型態　■錠劑

維生素成分（每粒）	A	B1	B2	B6	B12	生物素	葉酸	菸鹼酸	泛酸	C	D	E	K	β胡蘿蔔素	膽鹼	肌醇	PABA
	4000 IU	1.5 mg	1.7 mg	2 mg	12.6 mcg	30 mcg	400 mcg	20 mg	10 mg	60 mg	400 IU	30 IU	25 mcg	1000 IU			
	硼	鈣	鉻	鈷	銅	氟	碘	鐵	鎂	錳	鉬	磷	鉀	硒	鈉	硫	鋅
	✓	✓		✓		✓	✓	✓	✓	✓	✓	✓					✓

其他　黃酮柑橘類、茄紅素、螺旋藻、小米草

善存* 膜衣錠

售價／470元（60錠）
700元（100錠）

■ **商品特性**：針對成人所設計之完整營養配方。本製劑係由人體必需的多種之維生素與礦物質所構成，包含了葉酸及維生素A.C.E.等抗氧化劑。

■ **適用對象**：成人
■ **建議用量**：
　成人每日吞服1錠
■ **包裝規格**：
　60錠／瓶、100錠／瓶
■ **公司**：台灣惠氏股份有限公司

■ **注意事項**：
　使用後請蓋緊，並避免將水滴入瓶內，請置於乾燥陰涼及兒童無法取得之處。

類別	■營養保健品
型態	■膜衣錠

維生素	A	B1	B2	B6	B12	生物素	葉酸	菸鹼酸	泛酸	C	D	E	K	β-胡蘿蔔素	膽鹼	肌醇	PABA
成分（每粒）	5000 IU	1.5 mg	1.7 mg	2 mg	6 mcg	30 mcg	400 mcg	20 mg	10 mg	60 mg	400 IU	30 IU	25 mcg				

	硼	鈣	鉻	鈷	銅	氟	碘	鐵	鎂	錳	鉬	磷	鉀	硒	鈉	硫	鋅
		162 mg	✓		✓	✓	✓	✓	✓	✓	✓	✓	✓				✓

其他　鎳、矽、錫、釩

銀寶善存* 膜衣錠

售價／500元（60錠）
780元（1000錠）

■ **商品特性**：針對50歲以上成人所特別設計之完整營養配方。本製劑係由人體必需的多種之維生素與礦物質所構成，包含了維生素A.C.E.等抗氧化劑。

■ **適用對象**：成人
■ **建議用量**：
　50歲以上成人每日吞服1錠。
■ **包裝規格**：
　60錠／瓶、100錠／瓶
■ **公司**：台灣惠氏股份有限公司

■ **注意事項**：
　使用後請蓋緊，並避免將水滴入瓶內，請置於乾燥陰涼及兒童無法取得之處。

類別	■營養保健品
型態	■錠劑

維生素	A	B1	B2	B6	B12	生物素	葉酸	菸鹼酸	泛酸	C	D	E	K	β-胡蘿蔔素	膽鹼	肌醇	PABA
成分（每粒）	6000 IU	1.5 mg	1.7 mg	3 mg	25 mcg	30 mcg	0.2 mg	20 mg	10 mg	10 mg	400 IU	30 IU	10 mg				

	硼	鈣	鉻	鈷	銅	氟	碘	鐵	鎂	錳	鉬	磷	鉀	硒	鈉	硫	鋅	氯
	✓	✓		✓			✓	✓	✓	✓	✓	✓	✓	✓			✓	✓

其他　鎳、矽、錫、釩

你滋美得 沛爾力　　售價／880元

■**商品特性**：本品含濃縮肝精、維生素B群、膽鹼、肌醇等，能減少疲勞、增強體力、滋補強身，是精神旺盛的能量補給品。

■**適用對象**：常感疲勞、經常應酬、熬夜、欲增強體力者
■**建議用量**：
【保健】每日1粒
【改善】每日2粒
（分次飯後食用）
■**包裝規格**：60粒／瓶（兩瓶1組）
■**公司**：景華生技股份有限公司
■**國外原廠**：Best Formulations

■**注意事項**：
1.使用後置於陰涼、乾燥處保存。
2.使用後請關緊瓶蓋，避免孩童自行取用。

類別　■營養保健品
型態　■軟膠囊

維生素	A	B1	B2	B6	B12	生物素	葉酸	菸鹼酸	泛酸	C	D	E	K	β-胡蘿蔔素	膽鹼	肌醇	PABA
成分（每粒）	1200 IU	1 mg	1 mg	0.5 mg	1.0 mcg	3.3 mcg	0.06 mg	10 mg		10 mg	10 IU				10 mg	10 mg	

	硼	鈣	鉻	鈷	銅	氟	碘	鐵	鎂	錳	鉬	磷	鉀	硒	鈉	硫	鋅
																	✓

其他：乾燥肝粉、分餾肝粉2號、濃縮肝粉、啤酒酵母、甲硫胺酸

美麗佳人-元氣明亮錠　　售價／330元

■**商品特性**：山桑子含有超過15種花青素成分，為天然萃取之抗氧化劑；維生素A可幫助視紫質的形成，使眼睛適應光線的變化，減少疲勞感；葉黃素、左旋維生素C、維生素E、維生素B2、B12可提供眼睛額外之營養；皆為現代人關心眼睛之最佳利器。

■**適用對象**：關心眼睛、閱讀、看電視、操作電腦吃力者、素食者適用
■**建議用量**：每次1錠，每日3次
■**包裝規格**：100錠／瓶
■**公司**：永信藥品工業股份有限公司
■**國外原廠**：美國Carlsbad Technology Inc.U.S.A.

■**注意事項**：請確實遵循每日建議量食用，不需多食。

類別　■營養保健品
型態　■膜衣錠

維生素	A	B1	B2	B6	B12	生物素	葉酸	菸鹼酸	泛酸	C	D	E	K	β-胡蘿蔔素	膽鹼	肌醇	PABA
成分（每粒）	0.25 mg		25 mg		0.25 mg					30 mg		10 mg					

	硼	鈣	鉻	鈷	銅	氟	碘	鐵	鎂	錳	鉬	磷	鉀	硒	鈉	硫	鋅

其他：葉黃素 0.5mg、山桑子抽出物 25mg

你滋美得 愛明　　　售價／1200元

■ **商品特性**：本品主要成分lutein來自美國Kemin Food, L.C原開發廠，提供高優質葉黃素，另添加β胡蘿蔔素，山桑籽，硒和DHA。

■ **適用對象**：50歲以上營養保健者、閱讀吃力者、電腦、文字工作者
■ **建議 用量**：每日1粒，飯後食用
■ **包裝 規格**：60粒／瓶
■ **公司**：景華生技股份有限公司
■ **國外 原廠**：Best Formulations

■ **注意 事項**：
1.置於陰涼、乾燥處保存。
2.請關緊瓶蓋，避免孩童自行取用。

類別	■營養保健品
型態	■軟膠囊

維生素 成分（每粒）	A	B1	B2	B6	B12	生物素	葉酸	菸鹼酸	泛酸	C	D	E	K	β胡蘿蔔素	膽鹼	肌醇	PABA
										27.5 mg		100 mg		12.5 mg			
	硼	鈣	鉻	鈷	銅	氟	碘	鐵	鎂	錳	鉬	磷	鉀	硒	鈉	硫	鋅
		✔															

其他：DHA、硒酵母、金盞花萃取物（含葉黃素）、山桑子萃取物

悠康-男年膠囊　　　售價／1,080元

■ **商品特性**：本產品嚴選男性調節生理機能所必需之植物草本精華-南瓜子，配合維生素A、維生素C及維生素E之抗氧化及膠原形成加強效應，是現代男性調整體質、增強體力、旺盛精神、促進代謝，使小便順暢的好選擇。

■ **適用對象**：一般男性
■ **建議 用量**：每次1粒，每日2次，於餐後以溫水吞食
■ **包裝 規格**：100粒／瓶
■ **公司**：永信藥品工業股份有限公司
■ **國外 原廠**：美國Carlsbad Technology Inc.U.S.A.

■ **注意 事項**：
請確實遵循每日建議量食用，不需多食。

類別	■營養保健品
型態	■膠囊

維生素 成分（每粒）	A	B1	B2	B6	B12	生物素	葉酸	菸鹼酸	泛酸	C	D	E	K	β胡蘿蔔素	膽鹼	肌醇	PABA
	1.5 mg									25 mg		5 mg					
	硼	鈣	鉻	鈷	銅	氟	碘	鐵	鎂	錳	鉬	磷	鉀	硒	鈉	硫	鋅
																	✔

其他：南瓜子抽出物、DHA

悠康-愛見康透明液體膠囊　售價／1,280元

■ **商品特性**：本產品採用冷壓縮液體充填科技，不經高熱融封，可將珍貴且活性不易保存的維生素A、維生素E、葉黃素、玉米黃素及深海魚油等之健康效應完整封存在膠囊內，可幫助視紫質形成，使眼睛適應光線變化，並維持牙齒及骨骼的生長與發育。

■ **適用對象**：一般人
■ **建議用量**：每次1粒，每日2次，於餐後以溫水吞食。
■ **包裝規格**：120粒／瓶
■ **公司**：永信藥品工業股份有限公司
■ **國外原廠**：美國Carlsbad Technology Inc.U.S.A.

■ **注意事項**：
請確實遵循每日建議量食用，不需多食。

類別	■營養保健品																
型態	■膠囊																
維生素	A	B1	B2	B6	B12	生物素	葉酸	菸鹼酸	泛酸	C	D	E	K	β-胡蘿蔔素	膽鹼	肌醇	PABA
成分（每粒）	0.3 mg										200 IU	1.8 mg					
	硼	鈣	鉻	鈷	銅	氟	碘	鐵	鎂	錳	鉬	磷	鉀	硒	鈉	硫	鋅
其他	葉黃素2.5mg、合成玉米黃素0.06mg、深海魚油111.9mg																

三多有機麥苗粉　售價／760元

■ **商品特性**：天然鹼性食品，美國QAI有機食品認証，體內環保好幫手。

■ **適用對象**：工作勞累，蔬果攝取不足，飲食不正常者
■ **建議用量**：每次2小匙（約3公克），每日2～3次。
■ **包裝規格**：150錠／包
■ **公司**：三多士股份有限公司

■ **注意事項**：
1.請勿以開水沖泡，以免破壞營養素。
2.建議飯前或空腹服用。

類別	■營養保健品																
型態	■粉末																
維生素	A	B1	B2	B6	B12	生物素	葉酸	菸鹼酸	泛酸	C	D	E	K	β-胡蘿蔔素	膽鹼	肌醇	PABA
成分（每粒）	✓	310 mg	1.2 mg	140 mg	1.9 mg				158 mg			31 mg			195.5 mg		
	硼	鈣	鉻	鈷	銅	氟	碘	鐵	鎂	錳	鉬	磷	鉀	硒	鈉	硫	鋅
	✓	✓		✓		✓	✓	✓		✓		✓	✓	✓			✓
其他	葉綠素																

三多兒童綜合維他命　　售價／399元

- **商品特性**：專為兒童設計的兒童用綜合維他命，並添加蜂膠、山桑子、初乳奶粉及乳酸菌。

- **適用對象**：幼兒、兒童、青少年
- **建議用量**：
  【2～4歲】每日2錠
  【5～16歲之兒童及青少年】每日3錠
- **包裝規格**：120錠／瓶
- **公司**：三多士股份有限公司

- **注意事項**：
  為避免吞食，請咀嚼或研粉食用。

類別　■綜合維生素
型態　■錠劑

維生素	A	B1	B2	B6	B12	生物素	葉酸	菸鹼酸	泛酸	C	D	E	K	β胡蘿蔔素	膽鹼	肌醇	PABA
成分	5000 IU	1.5 mg	1.7 mg	2 mg	6 mcg	45 mcg	400 mcg	20 mg	10 mg	100 IU	400 IU	30 IU	10 mg	✓			

	硼	鈣	鉻	鈷	銅	氟	碘	鐵	鎂	錳	鉬	磷	鉀	硒	鈉	硫	鋅
成分	✓	✓		✓	✓	✓	✓	✓	✓			✓					

其他　山桑子萃取物、初乳奶粉、乳鐵蛋白、蜂膠、ABLSE乳酸菌

三多綜合維他命　　售價／699元

- **商品特性**：全方位綜合維他命、礦物質及金盞花萃取物，滋補強身，再現活力。

- **適用對象**：成人
- **建議用量**：
  每日1錠，餐後配開水服用
  產前後病後之補養，每日服用2錠
- **包裝規格**：300錠／瓶
- **公司**：三多士股份有限公司

- **注意事項**：
  開罐後保持密閉，存於陰涼乾燥處。

類別　■綜合維生素
型態　■錠劑

維生素	A	B1	B2	B6	B12	生物素	葉酸	菸鹼酸	泛酸	C	D	E	K	β胡蘿蔔素	膽鹼	肌醇	PABA
成分	2500 IU	1.5 mg	1.7 mg	2 mg	6 mcg	30 mcg	400 mcg	20 mg	10 mg	100 IU	400 IU	30 IU	25 mg	2500			

	硼	鈣	鉻	鈷	銅	氟	碘	鐵	鎂	錳	鉬	磷	鉀	硒	鈉	硫	鋅
成分	✓	✓		✓	✓		✓	✓	✓	✓	✓	✓	✓	✓			✓

其他　金盞花萃取物

日谷 長效綜合維他命　售價／400元

■ **商品特性**：含有完整100%RDA之25種營養素與礦物質，更添加黃耆、西洋蔘、金盞花萃取物等植物精華，營養價值更加分，24小時滋補強身不間斷！特殊包覆技術，緩慢釋放，達到24小時長效作用。

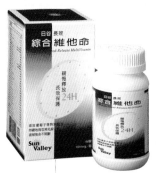

■ **適用對象**：
一般成人

■ **建議用量**：
1日1顆

■ **包裝規格**：
60粒／瓶

■ **公司**：
日谷國際有限公司

■ **注意事項**：
飯後食用，請依照瓶身服用量食用，不可過量。

類別	■綜合維生素
型態	■膜衣錠

維生素	A	B1	B2	B6	B12	生物素	葉酸	菸鹼酸	泛酸	C	D	E	K	β胡蘿蔔素	膽鹼	肌醇	PABA
成分	2500 IU	1 mg	1.1 mg	1.5 mg	2.4 mcg	30 mcg	420 mcg	13 mg	5 mg	100 mg	200 IU	12 IU	25 mcg				2500

	硼	鈣	鉻	鈷	銅	氟	碘	鐵	鎂	錳	鉬	磷	鉀	硒	鈉	硫	鋅
分		✓	✓		✓	✓	✓	✓	✓	✓	✓	✓	✓	✓			✓

其他　矽、金盞花萃取、葡萄籽萃取、黃耆、西洋蔘

大可大安孺（男性專用）　售價／2000元

■ **商品特性**：依據現代男仕的需求，提供最完整的營養配方。含有最豐富及高劑量的多種維生素、礦物質、微量元素、胺基酸，與時下最熱門的天然營養補給品。

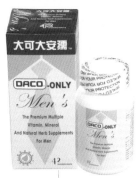

■ **適用對象**：一般人。忙碌的上班族、消耗大量體力的勞動族、正值成長快速的青少年、體力漸弱的中老年、想要大展雄風的男性或受不孕困擾的先生

■ **建議用量**：每日2錠，每日1次，餐後食用

■ **包裝規格**：90錠／瓶

■ **公司**：大田有限公司

■ **國外原廠**：BIOMED INSTITUTE COMPANY

■ **注意事項**：
開瓶後請放入冰箱冷藏。

類別	■綜合維生素
型態	■錠劑

維生素	A	B1	B2	B6	B12	生物素	葉酸	菸鹼酸	泛酸	C	D	E	K	β胡蘿蔔素	膽鹼	肌醇	PABA
成分	✓	50 mg	60 mg	60 mg	60 mcg	120 mcg	800 mcg	30 mg	20 mg	300 mg	400 IU	200 IU	40 mcg	10000	✓	✓	✓

	硼	鈣	鉻	鈷	銅	氟	碘	鐵	鎂	錳	鉬	磷	鉀	硒	鈉	硫	鋅
分	✓	✓	✓	✓	✓		✓	✓	✓	✓	✓	✓	✓	✓	✓	✓	✓

其他　胺基酸、水田芥、銀杏果、南瓜子粉、冬蟲夏草、茄紅素、蜂膠、葡萄籽。

大可大安孺（女性專用） 售價／2000元

- **商品特性**：依據現代女仕的需求，提供最完整的營養配方。含有最豐富及高劑量的多種維生素、礦物質、微量元素、胺基酸，與時下最熱門的天然營養補給品。

- **適用對象**：一般人。忙碌的上班女郎、操持家務的家庭主婦、正值成長快速的少女、體力漸弱的中老年婦女、想要懷孕的婦女、孕婦或哺乳的媽媽
- **建議用量**：每日2錠，每日1次，餐後食用
- **包裝規格**：90錠／瓶
- **公司**：大田有限公司
- **國外原廠**：BIOMED INSTITUTE COMPANY

- **注意事項**：
  開瓶後請放入冰箱冷藏。

類別	■綜合維生素																
型態	■錠劑																
維生素成分	A	B1	B2	B6	B12	生物素	葉酸	菸鹼酸	泛酸	C	D	E	K	β胡蘿蔔素	膽鹼	肌醇	PABA
	✓	50 mg	100 mg	80 mg	160 mcg	160 mcg	800 mcg	30 mg	20 mg	400 mg	200 IU	40 IU		10000 IU	✓	✓	
	硼	鈣	鉻	鈷	銅	氟	碘	鐵	鎂	錳	鉬	磷	鉀	硒	鈉	硫	鋅
成分	✓	✓	✓	✓	✓	✓	✓	✓	✓	✓	✓		✓	✓		✓	✓

其他：胺基酸、月見草油、人蔘、當歸、葡萄籽、茄紅素、大豆異黃酮。

大可小安孺（咀嚼錠食品） 售價／1000元

- **商品特性**：大可小安孺咀嚼錠為一有多種維他命、礦物質、天然小麥胚芽粉、羊乳粉、鈣粉、初乳的營養補充品，以特殊技術調配，最適合孩童口味。不含蔗糖、葡萄糖，甜味來自山梨醇成份，長期食用不會造成蛀牙。含豐富的維他命E、C、B群、礦物質、蛋白質、胺基酸、乳酸菌，能調整體質、調節生理機能，促進身體對維生素的吸收利用。

- **適用對象**：3歲～12歲
- **建議用量**：
  【3歲以下孩童】每日1錠
  【3歲～6歲孩童】每日2錠
  【6歲以上孩童】每日3錠
  隨主餐咀嚼食用。
- **包裝規格**：100錠／瓶
- **公司**：大田有限公司
- **國外原廠**：BIOMED INSTITUTE COMPANY

- **注意事項**：
  開瓶後請放入冰箱冷藏。

類別	■綜合維生素																
型態	■口嚼錠																
維生素成分	A	B1	B2	B6	B12	生物素	葉酸	菸鹼酸	泛酸	C	D	E	K	β胡蘿蔔素	膽鹼	肌醇	PABA
	2500 IU	0.75 mg	0.85 mg	1 mg	3 mcg		200 mcg	5 mg		30 mg	200 IU	15 IU					
	硼	鈣	鉻	鈷	銅	氟	碘	鐵	鎂	錳	鉬	磷	鉀	硒	鈉	硫	鋅
成分		✓						✓									✓

其他：小麥胚芽粉、羊乳粉、初乳、嗜酸乳桿菌（A菌）、比菲德氏菌（B菌）、酪乳酸桿菌（C菌）。

大可小安孺

售價／1000元

■ **商品特性**：大可小安孺顆粒為一有多種維他命、礦物質、天然小麥胚芽粉、鈣粉及初乳的營養補充品，以特殊技術調配而成，最適合孩童口味。不含蔗糖、葡萄糖，甜味來自山梨醇成分，長期食用不會造成蛀牙。含豐富的維他命E、C、B群、礦物質、蛋白質、胺基酸、乳酸菌，能調整體質、調節生理機能，促進身體對維生素的吸收利用。

■ **適用對象**：4個月以上嬰幼兒
■ **建議用量**：可加入牛奶、開水、果汁，每次加1～2匙大可小安孺顆粒，調勻後即可飲用
■ **包裝規格**：150g／瓶
■ **公司**：大田有限公司
■ **國外原廠**：BIOMED INSTITUTE COMPANY

■ **注意事項**：
開瓶後請放入冰箱冷藏。

| 類別 | ■綜合維生素 |
| 型態 | ■粉末 |

維生素成分	A	B1	B2	B6	B12	生物素	葉酸	菸鹼酸	泛酸	C	D	E	K	β胡蘿蔔素	膽鹼	肌醇	PABA
		0.32 mg	0.34 mg	0.4 mg	1 mcg		60 mg	2.5 mg		18 mg	2.5 IU	2.5 IU		1000 IU	✓	✓	

	硼	鈣	鉻	鈷	銅	氟	碘	鐵	鎂	錳	鉬	磷	鉀	硒	鈉	硫	鋅
分		✓						✓									✓
其他																	

美加男食品

售價／1350元（90錠）
2400元（180錠）

■ **商品特性**：強化照護男性及活力能量的天然配方，是適合現代男性的均衡綜合維他命。

■ **適用對象**：一般成年男性
■ **建議用量**：每日1顆
■ **包裝規格**：90錠／瓶、180錠／瓶
■ **公司**：健安喜。松雪企業股份有限公司
■ **國外原廠**：GNC

■ **注意事項**：
白天飯後食用較佳。

| 類別 | ■綜合維生素 |
| 型態 | ■錠劑 |

維生素成分	A	B1	B2	B6	B12	生物素	葉酸	菸鹼酸	泛酸	C	D	E	K	β胡蘿蔔素	膽鹼	肌醇	PABA
	✓	✓	✓	✓	✓	✓	✓	✓	✓	✓	✓	✓	✓	✓	✓	✓	✓

	硼	鈣	鉻	鈷	銅	氟	碘	鐵	鎂	錳	鉬	磷	鉀	硒	鈉	硫	鋅
分		✓	✓	✓	✓		✓	✓	✓	✓	✓	✓	✓	✓	✓	✓	✓
其他	天然抗氧化配方、蕃茄紅素

備註：劑量保密

優卓美佳食品錠

售價／1350元（90錠）
2400元（180錠）

■ **商品特性**：強化女性易缺乏的營養素，是適合女性的均衡綜合維他命。

■ **適用對象**：一般成年女性
■ **建議用量**：每日1顆
■ **包裝規格**：90錠／瓶、180錠／瓶
■ **公司**：健安喜。松雪企業股份有限公司
■ **國外原廠**：GNC

■ **注意事項**：
白天飯後食用較佳。

類別	■綜合維生素
型態	■錠劑

	A	B1	B2	B6	B12	生物素	葉酸	菸鹼酸	泛酸	C	D	E	K	β-胡蘿蔔素	膽鹼	肌醇	PABA
維生素	✓	✓	✓	✓	✓	✓	✓	✓	✓	✓	✓	✓		✓	✓	✓	

	硼	鈣	鉻	鈷	銅	氟	碘	鐵	鎂	錳	鉬	磷	鉀	硒	鈉	硫	鋅
成分		✓	✓	✓	✓		✓	✓	✓	✓	✓	✓	✓	✓		✓	✓

其他	天然抗氧化配方、番茄紅素

備註：劑量保密

金優卓美佳食品錠

售價／1800元

■ **商品特性**：本品專為銀髮族設計之綜合維生素，除含有維生素、礦物質外，更含有各種消化酵素及天然植物，完美的配方，讓你健康活力十足。

■ **適用對象**：銀髮族
■ **建議用量**：每日1顆
■ **包裝規格**：90錠／瓶
■ **公司**：健安喜。松雪企業股份有限公司
■ **國外原廠**：GNC

■ **注意事項**：
白天飯後食用較佳。

類別	■綜合維生素
型態	■錠劑

	A	B1	B2	B6	B12	生物素	葉酸	菸鹼酸	泛酸	C	D	E	K	β-胡蘿蔔素	膽鹼	肌醇	PABA
維生素	✓	✓	✓	✓	✓	✓	✓	✓	✓	✓	✓	✓	✓	✓	✓	✓	

	硼	鈣	鉻	鈷	銅	氟	碘	鐵	鎂	錳	鉬	磷	鉀	硒	鈉	硫	鋅
成分	✓	✓	✓	✓	✓	✓	✓	✓	✓	✓	✓	✓	✓	✓	✓	✓	✓

其他	天然抗氧化配方、番茄紅素、綠茶、綜合消化酵素

備註：劑量保密

悠康 純化維他軟膠囊 　售價／680元

■ **商品特性**：本產品以營養生理學之平衡調養概念，融合人體每日必需之12種維生素、8種礦物質及微量元素，適合用於減少疲勞，產前產後及病後之補養，也是現代人營養補給、增強體力，維護元氣及健康維持的好選擇。

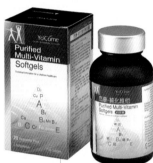

■ **適用對象**：
一般人

■ **建議用量**：
每次1粒，每日2次，於餐後以溫水吞食

■ **包裝規格**：
100粒／瓶

■ **公司**：永信藥品工業股份有限公司

■ **國外原廠**：
美國Carlsbad Technology Inc.U.S.A.

■ **注意事項**：
請確實遵循每日建議量食用，不需多食。

類別	■綜合維生素
型態	■軟膠囊

維生素	A	B1	B2	B6	B12	生物素	葉酸	菸鹼酸	泛酸	C	D	E	K	β胡蘿蔔素	膽鹼	肌醇	PABA
成分	1.281 mg	1.7 mg	2 mg	2.3 ug	0.12 mg	0.08 mg	2.1 mg	17.5 mg	69 mg	0.8 mg	15 mg						

硼	鈣	鉻	鈷	銅	氟	碘	鐵	鎂	錳	鉬	磷	鉀	硒	鈉	硫	鋅
	12.6 mg		✓			✓		✓	✓	✓		✓				✓

其他

加仕沛 美麗佳人MV錠 　售價／450元

■ **商品特性**：綜合維生素是提供每日工作能量的重要角色。哪一個不足都會造成營養失衡，一次均衡且適量的攝取綜合維生素，不但可提供每日活力的基礎，更不會導致身體的負擔。

■ **適用對象**：一般人、推薦給想補充維生素及飲食不正常的您

■ **建議用量**：每次1錠，每日3次

■ **包裝規格**：120錠／瓶

■ **公司**：
永信藥品工業股份有限公司

■ **國外原廠**：美國Carlsbad Technology Inc.U.S.A.

■ **注意事項**：
請確實遵循每日建議量食用，不需多食。

類別	■綜合維生素
型態	■糖衣錠

維生素	A	B1	B2	B6	B12	生物素	葉酸	菸鹼酸	泛酸	C	D	E	K	β胡蘿蔔素	膽鹼	肌醇	PABA
成分	0.25 mg	1 mg	1 mg	3 mg	2 ug					5 mg	5 mg	30 mg	3 mg	10 mg	50 mg	50 mg	

硼	鈣	鉻	鈷	銅	氟	碘	鐵	鎂	錳	鉬	磷	鉀	硒	鈉	硫	鋅

其他

杏輝沛多仕女綜合維他命軟膠囊　售價／680元

- ■**商品特性**：21種綜合維生素，礦物質，特別強化鐵、B6、B12、葉酸等造血維他命，把女性每個月流失的補回來。

- ■**適用對象**：青少女及成年女性
- ■**建議用量**：1日1～2顆
- ■**包裝規格**：60粒／瓶
- ■**公司**：
  杏輝藥品工業股份有限公司
- ■**國外原廠**：
  加拿大CanCap G.M.P藥廠

- ■**注意事項**：
  飯後食用，請依照瓶身服用量食用，不可過量。

類別	■綜合維生素
型態	■軟膠囊

維生素成分	A	B1	B2	B6	B12	生物素	葉酸	菸鹼酸	泛酸	C	D	E	K	β-胡蘿蔔素	膽鹼	肌醇	PABA
	2500 IU	1 mg	1.1 mg	10 mg	40 mcg	50 mcg	225 mcg	13 mg	10 mg	100 mg	100 IU	50 IU	10 mcg				

	硼	鈣	鉻	鈷	銅	氟	碘	鐵	鎂	錳	鉬	磷	鉀	硒	鈉	硫	鋅
成分		✓			✓			✓	✓	✓		✓					✓

其他：啤酒酵母

杏輝沛多綜合維他命軟膠囊　售價／680元

- ■**商品特性**：27種綜合維生素，礦物質，特別強化水溶性維生素B群，適合汗流量大，水溶性維生素需求大的台灣海島型氣候。

- ■**適用對象**：一般人
- ■**建議用量**：1日1顆
- ■**包裝規格**：60粒／瓶
- ■**公司**：
  杏輝藥品工業股份有限公司
- ■**國外原廠**：
  加拿大CanCap G.M.P藥廠

- ■**注意事項**：
  飯後食用，請依照瓶身服用量食用，不可過量。

類別	■綜合維生素
型態	■軟膠囊

維生素成分	A	B1	B2	B6	B12	生物素	葉酸	菸鹼酸	泛酸	C	D	E	K	β-胡蘿蔔素	膽鹼	肌醇	PABA
	5000 IU	10 mg	10 mg	20 mg	4 mcg	300 mcg	200 mcg	30 mg	20 mg	100 mg	200 IU	50 IU	100 mcg		20 mcg	20 mcg	

	硼	鈣	鉻	鈷	銅	氟	碘	鐵	鎂	錳	鉬	磷	鉀	硒	鈉	硫	鋅
分	✓	✓			✓		✓	✓	✓	✓		✓	✓	✓		✓	✓

其他：啤酒酵母、氯

優倍多女性綜合維他命群軟膠囊 售價／549元

■**商品 特性**：強化造血維他命（鐵、B6、B12、葉酸）之綜合維生素，把女性每個月流失的補回來。

■**適用 對象**：青少女及成年女性
■**建議 用量**：1日1顆
■**包裝 規格**：60粒／瓶
■**公司**：
　杏輝藥品工業股份有限公司
■**國外 原廠**：
　加拿大CanCap G.M.P藥廠

■**注意 事項**：
　飯後食用，請依照瓶身服用量食用，不可過量。

類別	■綜合維生素
型態	■軟膠囊

維生素	A	B1	B2	B6	B12	生物素	葉酸	菸鹼酸	泛酸	C	D	E	K	β-胡蘿蔔素	膽鹼	肌醇	PABA
成分	4200 IU	1.3 mg	1.5 mg	5 mg	20 mcg	50 mcg	225 mcg	17 mg	10 mg	100 mg	200 IU	50 IU	10 mcg				
	硼	鈣	鉻	鈷	銅	氟	碘	鐵	鎂	錳	鉬	磷	鉀	硒	鈉	硫	鋅
					✓			✓	✓	✓				✓			✓

其他　啤酒酵母1mg

優倍多男性綜合維命軟膠囊 售價／549元

■**商品 特性**：鋅強化配方,增強男人精力。

■**適用 對象**：青少年及成年男性
■**建議 用量**：1日1顆
■**包裝 規格**：60粒／瓶
■**公司**：
　杏輝藥品工業股份有限公司
■**國外 原廠**：
　加拿大CanCap G.M.P藥廠

■**注意 事項**：
　飯後食用,請依照瓶身服用量食用,不可過量。

類別	■綜合維生素
型態	■軟膠囊

維生素	A	B1	B2	B6	B12	生物素	葉酸	菸鹼酸	泛酸	C	D	E	K	β-胡蘿蔔素	膽鹼	肌醇	PABA
成分	2500 IU	2 mg	2 mg	2 mg	2 mcg	150 mcg	200 mcg	22 mg	10 mg	100 mg	150 IU	50 IU	50 mcg		✓	✓	
	硼	鈣	鉻	鈷	銅	氟	碘	鐵	鎂	錳	鉬	磷	鉀	硒	鈉	硫	鋅
					✓			✓	✓	✓				✓			✓

其他　啤酒酵母25mg

優倍多銀髮綜合維他命軟膠囊 售價／549元

■ **商品特性**：26種綜合維生素、礦物質，特別強化抗老化營養素-硒，及多種可維持血管及神經系統健的維他命，幫助銀髮族延緩各部老化問題。

■ **適用對象**：銀髮族
■ **建議用量**：1日1～2顆
■ **包裝規格**：100粒／瓶
■ **公司**：
　杏輝藥品工業股份有限公司

■ **注意事項**：
　飯後食用，請依照瓶身服用量食用，不可過量。

類別	■綜合維生素
型態	■軟膠囊

維生素	A	B1	B2	B6	B12	生物素	葉酸	菸鹼酸	泛酸	C	D	E	K	β-胡蘿蔔素	膽鹼	肌醇	PABA
成分	6000 IU	2 mg		4 mg	30 mcg	40 mcg	250 mcg	25 mg	15 mg	50 mg	400 IU	45 IU		50 mcg			

	硼	鈣	鉻	鈷	銅	氟	碘	鐵	鎂	錳	鉬	磷	鉀	硒	鈉	硫	鋅
成分		✓	✓		✓	✓	✓	✓	✓	✓	✓	✓		✓			✓

其他：氯72.6mg、啤酒酵母25mg

你滋美得 綜合維他命＋草本 售價／880元

■ **商品特性**：含完整維生素及礦物質，更添加多種珍貴草本植物，可幫助消化、滋補強身、促進新陳代謝。

■ **適用對象**：12歲以上、外食、熬夜者、工作忙碌者、病後之補養
■ **建議用量**：
　【保健】每日1錠
　【改善】每日2錠
　（分次飯後食用）
■ **包裝規格**：90錠／瓶
■ **公司**：景華生技股份有限公司
■ **國外原廠**：NutraMed, Inc.

■ **注意事項**：
　1.置於陰涼、乾燥處保存。
　2.請關緊瓶蓋，避免孩童自行取用。

類別	■綜合維生素
型態	■錠劑

維生素	A	B1	B2	B6	B12	生物素	葉酸	菸鹼酸	泛酸	C	D	E	K	β-胡蘿蔔素	膽鹼	肌醇	PABA
成分	5000 IU	10 mg	10 mg	10 mg	2 mcg		100 mcg	200 mcg	10 mg	60 mg	200 IU	50 IU		37.5 mcg			

	硼	鈣	鉻	鈷	銅	氟	碘	鐵	鎂	錳	鉬	磷	鉀	硒	鈉	硫	鋅
成分		✓	✓	✓				✓	✓	✓		✓	✓				✓

其他：螺旋藻粉末、木瓜汁粉末、山楂果粉末

你滋美得 女性專用維他命 售價／880元

■ **商品特性**：以完整維他命配方，並添加構成血紅素的鐵、維生素C、當歸、花粉、硒、鉻及海藻，能幫助減少疲勞感，給您青春永駐好氣色。

■ **適用對象**：欲增強體力者、懷孕、哺乳婦女、青春期少女、偏食、素食者、少食牛肉、肝臟等含鐵量高的食物者
■ **建議用量**：
【保健】每日1錠
【改善】每日2錠
（分次飯後食用）
■ **包裝規格**：90錠／瓶
■ **公司**：景華生技股份有限公司
■ **國外原廠**：NutraMed, Inc.

■ **注意事項**：
1.置於陰涼、乾燥處保存。
2.請關緊瓶蓋，避免孩童自行取用。

類別	■綜合維生素
型態	■錠劑

維生素	A	B1	B2	B6	B12	生物素	葉酸	菸鹼酸	泛酸	C	D	E	K	β-胡蘿蔔素	膽鹼	肌醇	PABA
成素	5000 IU	15 mg	15 mg	15 mg	1 mcg	80 mcg	200 mg	15 mg		60 mg	200 IU	50 IU	37.5 mcg				

分	硼	鈣	鉻	鈷	銅	氟	碘	鐵	鎂	錳	鉬	磷	鉀	硒	鈉	硫	鋅
		✓	✓		✓			✓	✓	✓				✓			✓

其他：葉酸、當歸、花粉

你滋美得 男性專用維他命 售價／880元

■ **商品特性**：鋅是人體不可或缺的礦物質，添加鋅的"你滋美得"男性專用維他命，能增強體力，滋補強身，是男性活力的泉源。

■ **適用對象**：一般男女性、注重健康維持者、欲增強體力之男性
■ **建議用量**：
【保健】每日1錠
【改善】每日2錠
（分次飯後食用）
■ **包裝規格**：90錠／瓶
■ **公司**：景華生技股份有限公司
■ **國外原廠**：NutraMed, Inc.S

■ **注意事項**：
1.置於陰涼、乾燥處保存。
2.請關緊瓶蓋，避免孩童自行取用。

類別	■綜合維生素
型態	■膜衣錠

維生素	A	B1	B2	B6	B12	生物素	葉酸	菸鹼酸	泛酸	C	D	E	K	β-胡蘿蔔素	膽鹼	肌醇	PABA
成素	5000 IU	15 mg	15 mg	15 mg	1 mcg	150 mcg	200 mg	15 mg		60 mg	150 IU	50 IU	37.5 mcg				

分	硼	鈣	鉻	鈷	銅	氟	碘	鐵	鎂	錳	鉬	磷	鉀	硒	鈉	硫	鋅
	✓	✓	✓		✓		✓		✓	✓				✓			✓

其他：西伯利亞人蔘

106-□□
台北市新生南路三段88號5樓之6

揚智文化事業股份有限公司　　收

□□□-□□
地址：　　　市縣　　鄉鎮市區　　路街　段　巷　弄　號　樓
姓名：

 書號 L5401　　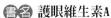 書名 護眼維生素A

葉子出版股份有限公司

讀・者・回・函

感謝您購買本公司出版的書籍。

爲了更接近讀者的想法，出版您想閱讀的書籍，在此需要勞駕您
詳細爲我們填寫回函，您的一份心力，將使我們更加努力！！

1.姓名：＿＿＿＿＿＿＿

2.性別：□男 □女

3.生日／年齡：西元＿＿＿＿ 年＿＿＿月 ＿＿＿日＿＿歲

4.教育程度：□高中職以下 □專科及大學 □碩士 □博士以上

5.職業別：□學生□服務業□軍警□公教□資訊□傳播□金融□貿易
□製造生產□家管□其他＿＿＿＿＿＿

6.購書方式／地點名稱：□書店＿＿＿□量販店＿＿＿□網路＿＿＿□郵購＿＿＿
□書展＿＿＿＿□其他＿＿＿

7.如何得知此出版訊息：□媒體＿＿＿□書訊＿＿＿□書店＿＿＿□其他＿＿＿

8.購買原因：□喜歡作者□對書籍內容感興趣□生活或工作需要□其他

9.書籍編排：□專業水準□賞心悅目□設計普通□有待加強

10.書籍封面：□非常出色□平凡普通□毫不起眼

11. E-mail：＿＿＿＿＿＿＿＿＿＿＿＿＿＿＿＿＿＿＿＿＿＿＿＿

12喜歡哪一類型的書籍：＿＿＿＿＿＿＿＿＿＿＿＿＿＿＿＿＿＿＿＿＿

13.月收入：□兩萬到三萬□三到四萬□四到五萬□五萬以上□十萬以上

14.您認為本書定價：□過高□適當□便宜

15.希望本公司出版哪方面的書籍：＿＿＿＿＿＿＿＿＿＿＿＿＿＿＿

16.本公司企劃的書籍分類裡，有哪些書系是您感到興趣的？

□忘憂草（身心靈）□愛麗絲（流行時尚）□紫薇（愛情）□三色菫（財經）

□ 銀杏（健康）□風信子（旅遊文學）□向日葵（青少年）

17.您的寶貴意見：

＿＿＿＿＿＿＿＿＿＿＿＿＿＿＿＿＿＿＿＿＿＿＿＿＿＿＿＿＿＿＿

☆填寫完畢後，可直接寄回（免貼郵票）。

我們將不定期寄發新書資訊，並優先通知您
其他優惠活動，再次感謝您！！

Leaves
Publishing

根
以讀者爲其根本

莖
用生活來做支撐

葉
引發思考或功用

果
獲取效益或趣味